无穷之光

风景摄影的用光技巧

［美］田大为 著

中国摄影出版社

图书在版编目（CIP）数据

无穷之光：风景摄影的用光技巧 /（美）田大为著.
－ 北京：中国摄影出版社，2013.1
ISBN 978-7-80236-860-6

Ⅰ．①无… Ⅱ．①田… Ⅲ. ①摄影光学 Ⅳ.
①TB811

中国版本图书馆CIP数据核字(2012)第300524号

书　　名：无穷之光——风景摄影的用光技巧
作　　者：［美］田大为
责任编辑：杨小华
封面设计：衣　钊
版式设计：刘　铮
出　　版：中国摄影出版社
　　　　　地址：北京市东城区东四十二条48号　邮编：100007
　　　　　发行部：010-65136125　65280977
　　　　　网址：www.cpphbook.com
　　　　　邮箱：office@cpphbook.com
印　　刷：北京方嘉彩色印刷有限责任公司
开　　本：16开
印　　张：14
字　　数：180千字
版　　次：2013年1月第1版
印　　次：2013年1月第1次印刷
Ｉ Ｓ Ｂ Ｎ　978-7-80236-860-6
定　　价：79.00元

序
Preface

1969 年 7 月，当尼尔·阿姆斯特朗和波斯·阿尔德林作为人类的使者首次踏上月球的表面时，他们并没有发现琳琅满目的外星珍宝或是奇异的物种，也没有发现宇宙间的战略要地，而是惊奇地发现了人类自己居住的地球在太空中像是一颗蓝白相嵌的玛瑙，那样精美而又充满了生机。在地球上身居他乡亦会有同样的感触。转眼间踏上美国这块土地已有 20 余载，而愈加觉得自己的祖国是那样的美，愈加对故土充满了向往，心也与祖国贴得更近了。在过去的十几年中，我曾多次回到祖国各地拍摄，读者在本书中会看到我近年在祖国各地拍的一些图片。

我在少时，虽然曾从师学习过绘画和音乐，但我从未步入艺术学府专修深造。来到美国是怀着对科学的抱负与梦想，致力于取得辉煌的科学成就，而从未想到有一天竟也会倾心于自然摄影。但我亦受益于对科学的追求，利用在从事科学研究中摸索出的一套治学方法来钻研摄影艺术。自拿起相机那天起，摄影从未离开我的身心。有人问我："你的'人生之梦'是什么？究竟实现了没有？"我说："基本实现了，只是一觉醒来，世界已是面目皆非。"经过了几十年的探索，我终于体验到了自我的人生，生命的价值在于对人类文明的贡献，人生的意义在于探索其未知的可能。"孔子自述：三十而立，四十不惑，五十知天命。"值得指出的是，孔子在十五岁时才立志治学，因此对少儿时代便开始启蒙教育的现代人来讲，孔子对人生所设的年表应前提十年。依我个人之见，如果一个现代人能够而立于 30 岁之前，那么到了四十几许应是明悟之年。一个明悟之人应充分认识了世界和人生的意义，亦应从对生命的探索中有所收获，有所结论，有所成就。

本书以光为核心，通过对众多实例的分析来探讨自然风光摄影中的用光技巧。光是智慧的载体，它不仅涂绘出一幅幅美丽的画面，更照亮了人生。

目 录
Contents

第一部分
Part1

第二部分
Part2

第三部分
Part3

第四部分
Part4

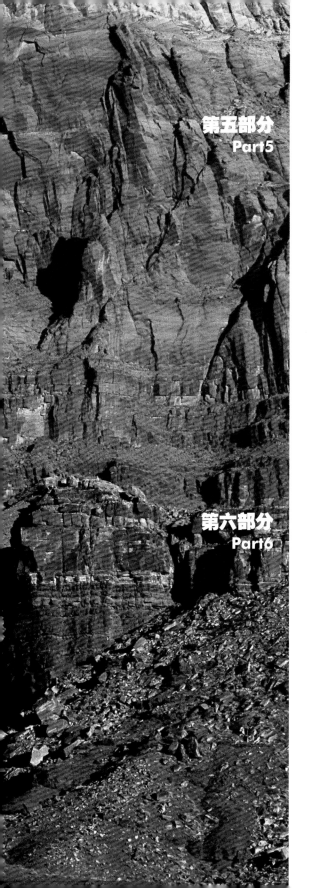

第五部分
Part5

将光线用于艺术创作　　96

第六部分
Part6

艺术创作的秘诀　　218

第一部分 Part1
如何利用一天中的
Light in a Day 光线

利用晨光拍摄柔美的风景

当从黑暗的迷惘和愁苦中步入光明时，光使人振奋，使人精神焕发，使受了压抑的精神得以复苏。对每个人来讲，光是希望，光是力量的源泉，光也是奋进的号角。每天的日出便是这样一个神奇的时刻。与光线充足时拍摄的情形不同，拍摄日出时摄影者要在黑暗中或弱光下完成一切准备工作。日出的片刻是大自然一天中光线条件变化最大和最快的时刻。因此摄影者必须做好充分的拍摄准备，密切跟随光线条件的变化，随时抓住那难得的片刻。

黎明时分也是湿气凝结的时刻，在湿度较大的地域拍摄时，摄影者须在拍摄前查看镜头上是否挂有露水或晨霜。必要时，应及时清理镜头以保证画面的清晰度。若是在逆光下拍摄，摄影者亦需尽力避免眩光的产生，利用云雾、树木、岩石等物体的遮挡可以避免或不同程度地消减耀斑的产生。另外，在逆光下测光时受直接来自光源的干扰较大，摄影者须避开光源，对着光强趋于中等、光照较为均匀的区域进行测光。

当朝阳从东方的山峦间或地平线上升起时，也许空中依然弥漫着雾气，透过晨雾的阳光异常柔和，照亮了大地上的山川、草木与河流。此刻的阳光给万物涂上一层迷人的色调。清晨的光线变化依然较快，摄影者亦须行动迅速，准确地确定构图和曝光，在短时间内完成每一幅画面的拍摄。

技术技巧链接：

消除眩光、鬼影的方法有数种，除了利用景物来遮光外，也可以在镜头前加上遮光罩。还可选用具有特殊涂层的高级镜头，如当代的纳米结晶涂层或前一代的复合涂层技术，都能较大地减弱光线在镜头组件间的反射，从而减轻或避免眩光的产生。然而，这些镜头的价格极为昂贵，也并不是在任何情况下都能完全避开眩光。摄影者应尽力在实地创作中巧妙地利用景物的遮挡或调节光源在画面中的位置，甚至使用自己改制的遮光罩来消除眩光。或者就把眩光当作一种艺术效果来加以表现……

　　大烟山以云雾闻名，很多年中我常常来此，寻找大烟山那最绚烂的时刻。就在一个大雾弥漫的黎明，我的梦想如愿以偿。密林覆盖的山坡上，拂晓的晨光在迷雾缭绕中飞舞跳跃，预示着一场盛况空前的日出景象。一切就绪，静观以待。瞬间那令人惊叹的美景便拉开了帷幕。

拍摄地点：大烟山国家公园，美国田纳西州境内。
拍摄数据：尼康 F3 相机，35-70 毫米变焦镜头，光圈 f/16，速度 2 秒。

　　黎明时分，东方的天空刚刚露出鱼肚白，我已在约瑟米蒂国家公园的这处悬崖上等待着日出。几处白色的瀑布在幽暗的山谷间显得格外鲜明。不久，朝阳从远处的内华达山脉上升起，但依然被密云遮挡。突然间一线金光从云缝中透出，照亮了山谷的一侧。自亚当斯以来，不知多少摄影者的足迹踏遍了这块摄影胜地，而约瑟米蒂依然是一个无限神奇的地方，不畏艰辛的人们依然可以发现不同的崭新画面。

拍摄地点：约瑟米蒂国家公园，美国加利福尼亚州。
拍摄数据：尼康 N90 相机，35-70 毫米变焦镜头，光圈 f/22，速度 3 秒。

　　黎明中的乌尔禾魔鬼城，宁静异常，林立的怪石间薄雾蒙蒙。朝阳渐渐从东方的山头间升起，空中依然映着粉红色的彩霞。我在太阳初露山头的瞬间，按下了快门。在使用 135 相机和广角镜头来拍摄宽幅画面时，应尽力将核心画面与曝光平面调节平行，同时还应在画面的顶部和底部留有充足的空间。这样既可减小或避免广角镜头给画面带来的畸形，又为剪裁提供足够的余地。

拍摄地点：乌尔禾魔鬼城，中国新疆。
拍摄数据：尼康 F3 相机，18-35 毫米变焦镜头，光圈 f/22，速度 1 秒。

展现中午强光下的明亮世界

在正午碧蓝的天空中，也许万里无云，也许飘浮着朵朵白云，但是白日当头之下是强光普照的世界。有形必有影，任何突出地面的物体都会投下阴影。有向光面，也必有背光面。此时是一天中景物的向光面与背光面之间的光比反差达到最大的时候，对风光摄影来讲，这是一种很难利用的光线条件。然而，通过精心地设计构图，依然可以避免不悦目的阴影与过度明亮的区域。另外，利用浮云暂时遮挡烈日的瞬间可以柔化光线，减小光比反差；在山谷间或茂密的森林中，还可以利用间接光线来拍摄。

在光比反差较大的光线条件下，或许会拍摄出严重失败的画面，但也有可能创作出非常动人心弦的作品。在风光摄影中，多数摄影者执意躲避高光比反差的光线条件，在大多数情况下这是必要的。但在某些情况下，强烈的光线对突出景物的立体感和影像景深非常有用。利用画面中受光物体和在背阴中物体的强烈反差对比，还可以有效地提高主体的核心地位。因此强光对风光摄影的艺术创作也是一种很有价值的光线，风光摄影者亦应尽可能地利用这种光线条件。

技术技巧链接：

本书在此处提供了几个如何利用高光比反差的光线条件来拍摄的实例。然而，在实地创作中，摄影者还可以选择不同的方法来降弱光比反差进行拍摄。在本书的其他部分，读者可以见到许多如何调节光比反差的例子。如使用灰渐变镜，抓住云雾或其他景物遮挡烈日的片刻，利用水面的反光，在数码相机菜单中通过"动态D-light"来提高拍摄照片的宽容度等等。

　　来到哈密魔鬼城的这天，正逢烈日当头、劲风阵阵，虽然空中白云朵朵，却挡不住烈日的高照。在离这处石丘不远处，我见到空中飘来一团白云，这动与静的组合产生了一种奇妙的视觉效果。幸运的是我已将三脚架和相机安装好，一切就绪。我急忙赶到石丘下，以最快速度拍下这幅"旷野炊烟"的画面。可以说这是一个与突出景深相反的例子，画面抓住了两个原本不相关的物体在一瞬间的偶然拼合。

拍摄地点：哈密魔鬼城—雅丹地貌自然生态园，中国新疆。
拍摄数据：尼康 F3 相机，18-35 毫米变焦镜头，光圈 f/22，速度 1/15 秒。

　　正午的太阳刚刚偏离，布莱斯峡谷中这片陡峭的山坡便被阴影遮盖。纵横交错的积雪衬托出起伏不平的山坡，山脚下几个小山丘在几缕阳光的照耀下颇像几栋富丽堂皇的大教堂，此刻一阵山风吹过峡谷间，耳边似乎回荡起明亮的钟声。几分钟前阳光依然照亮着一部分山坡，小山丘与山坡重叠在一起，整幅画面不过是一幅上部阴暗、下部明亮的嵌合体。于是我等着太阳向山坡背面再度偏移，直到阳光只照亮着小山丘的顶部时，才觉得这是一幅理想的画面。

拍摄地点：布莱斯峡谷，美国犹他州。
拍摄数据：尼康 N90 相机，70-300 毫米变焦镜头，光圈 f/22，速度 1/15 秒。

　　暮色中的大峡谷显得格外壮观，碧蓝的天空无限高远，阳光映照出陡峭不平的悬崖。此刻光比反差很高，我以崖顶上的这颗小枯树做前景，均衡了画面左侧耀眼的天空。从整体效果来看，强烈的光比反差为画面带来一种高昂的气氛。

拍摄地点：大峡谷国家公园，美国亚利桑那州。

拍摄数据：尼康 N90 相机，18-35 毫米变焦镜头，光圈 f/22，速度 1/30 秒。

捕捉夕阳下绚丽多彩的妙境

经过一天的普照之后，太阳渐渐地又接近了地平线，只是在不同于日出的方位。此时，依然明亮的天空再一次被缤纷的色彩所涂绘。毫无疑问，要呈现出绚丽多彩的妙境，应该在画面中包含有足够的天空。在具体的构图设计中，可以将天空占据大于一半的画面，也可以将之占据少于一半的画面。但应尽力不要把地平线放在画面中二分之一的分界线处，因为那样的构图会显得呆板。由于此时天空依然有着足够的光线来照射地面上的各类景物，拍摄时依然需尽力呈现出前景及背景中景物的细节。在以逆光拍摄时，为了降低极为耀眼的天空与前景之间的光比反差，应使用灰渐变镜。

夕阳西下时那富于诗幻般的光芒普照着大地，渲染出迷人的暮色。此刻也许你正站在山顶上瞭望连绵起伏的群山；或许正奔驰在大草原上，陶醉在辽远的时空之中；或许正漫步在湖畔，望着闪耀的波光。灿烂的暮色是辉煌的写照，是富于诗韵的幻境，也是大自然涂绘最绚烂的画面之时。你也许在那旷野中或群山间寻找了多时，此刻夕阳的美景真的到来了，而大自然的笔墨却总是出乎你的预料。

拍摄夕阳的景象是风光摄影中收获最大的时刻。因为此时常常是大自然的光线最美丽的时刻，摄影者有着充足的时间找到理想的拍摄地点，并且在明亮的天空下做好一切拍摄准备。望着夕阳渐渐西下，同时观察着阳光色彩的变迁，可以选择最理想的时刻按下快门。在拍摄夕阳的景象时，摄影者应尽力将带有特征性的地形、地貌和草木包括在画面中，以渲染出浓厚的地方风味。同时，还须利用日落时分云雾的变换、物体的反光、光线的色彩、低角度光线下的长影等等因素来创作出富于感染力的作品。

　　傍晚的博迪岛异常平静,落日的余晖将天空映成粉紫色。沙丘上一簇簇枯枝和长草安然地矗立着。夜幕尚未完全降临,而博迪岛已悄然地进入了梦乡。在沙地拍摄时,对器材要格外小心,不要将三脚架平放在沙地上,并应尽量减少打开相机包的次数。

拍摄地点:博迪岛,美国北卡罗莱纳州。

拍摄数据:尼康 N90 相机,35-70 毫米变焦镜头,光圈 f/22,速度 1/2 秒。

　　暮色降临的时刻，从大烟山顶上望去，只见群山层峦叠嶂，山谷间苍茫的迷雾衬托出劲松的雄姿。这是大烟山最富诗意梦幻的时刻，环顾四方似乎处处都是大自然的诗篇，如此激昂，令人陶醉。

　　利用草木的剪影来渲染暮色是拍摄日落最为传统的手法之一。剪影可以提供强有力的构图骨干，还可以与虚无缥缈的云雾形成鲜明的对比，衬托出画面的层次。

拍摄地点：大烟山国家公园，美国北卡罗莱纳州。

拍摄数据：尼康 N90 相机，35-70 毫米变焦镜头，光圈 f/22，速度 1 秒。

　　落日照亮了山谷，连绵起伏的山坡披着霞光，给画面带来层次感。山顶上树木的轮廓依然清晰可见，也给画面带来了苍翠繁茂的意境。在拍摄日落的景象时，利用云雾的遮挡可以柔化强烈的夕阳，避免耀斑的产生。

拍摄地点：大烟山国家公园，美国田纳西州境内。

拍摄数据：尼康 F3 相机，35-70 毫米变焦镜头，光圈 f/22，速度 1/30 秒。

再现傍晚弱光下的
神秘氛围

傍晚时分，太阳已落下了地平线，西面地平线以上的天空依然较为明亮，而头顶上的天空中夜幕已经降临。百鸟返巢，群兽归穴，此刻的大自然即将沉浸在万籁寂静之中。如何才能表现出此时大自然的那种神秘氛围？在弱光下拍摄时，摄影者依然还有不少的选择：利用西面明亮的天空做背景来拍摄物体的剪影；在黑暗的天空中加入明月；利用湖面或河流的反光既可以增强画面的亮度，也可以表现出静谧的气氛。但这时的光线较弱，给曝光带来一定的难度。多数感光元件在弱光下都有倒易律失效的现象，须对测光值进行曝光补偿，才能确保画面有理想的曝光度。这在本书后面的章节中还会做详细的介绍。

　　地平线下的夕阳发出绚烂的余晖，映照着山头上的一片天空，也映现出约书亚树的轮廓。这是大自然一天中完美的尾声，夜幕就要降临了。在最后一线夕阳的余光中，四周万籁俱寂，我可以轻易地拍摄出约书亚树清晰的剪影。

拍摄地点：约书亚树国家公园，美国加利福尼亚州。
拍摄器材：尼康F3相机，70-300毫米变焦镜头，光圈f/16，速度2秒。

夜幕初临，而西边的地平线上依然闪烁着落日的余晖。马特莫斯吉湖面上天水一色，平静如镜。我在湖边的乱石上架好了三脚架和相机，静静地等待着空中的一片乌云从画面中飘过后，按下了快门。

拍摄地点：马特莫斯吉湖，美国北卡罗莱纳州。
拍摄数据：尼康 F3 相机，35-70 毫米变焦镜头，光圈 f/16，速度 5 秒。

　　傍晚时分的湖面上雾气腾腾，一对黑雁相依为伴，缓缓地划水前行。突然间它们扇起了翅膀，腾空而起，即刻间消失在迷雾之中。在这光线依稀的傍晚，湖面的反光为画面提供了所需的亮度，也使我能够把正在前行的黑雁凝固在载满波纹的水面上。

拍摄地点：莫形岛国家野生动物自然保护区，美国北卡罗莱纳州。
拍摄数据：尼康 F3 相机，70-210 毫米变焦镜头，光圈 f/5.6，速度 1/60 秒。

夕阳早已落下山头，耸立的松柏似乎在迎接着从山巅间缓缓升起的月亮。夜幕中明月的亮度较高，为了保持月亮的细节，使用了二次曝光。

拍摄地点：大烟山国家公园，美国北卡罗莱纳州。
拍摄数据：尼康 F3 相机，70-300 毫米变焦镜头。第一次曝光：光圈 f/16，速度 4 秒；第二次曝光：光圈 f/8，速度 1/60 秒。

技术技巧链接：

　　所谓"二次曝光"或"多次曝光"，是指对同一感光元件分别进行两次或多次的感光来合成一幅影像重叠的画面。在二次或多次曝光中，当拍摄位置不变时，所产生的画面是同一景物的重叠；而当拍摄位置改变时，所得到的是不同景物的组合。在使用这种技巧时，要记住在完成拍摄后将相机的设置调回到单次曝光，以免给下一幅的拍摄带来设置错误。另外，"二次曝光"或"多次曝光"时，应尽量选择简洁的背景，同时，在曝光的设置上，N 次曝光时，每次的曝光量是正常值的 1/N，才不会出现最后合成的画面曝光过度。

第二部分 **Part2**
四季光线中的 自然景物
Light and Seasons

拍摄明媚春光里的
鸟语花香

　　如何拍摄出明媚的春色？譬如说枝条上鲜嫩的绿芽就代表着较为含蓄的春意。一派鸟语花香，显现出春暖大地、生机盎然的场景。然而，鸟语和花香都是很难以视觉信号来表现的感知。因此，摄影者必须巧妙地利用构图和光线来使观者在想象中听到鸟语、闻到花香。

　　在春天拍摄鸟语花香的场面时，由于花草交织的景观在构图上较为复杂，应采用区域测光来确定曝光，或以手持测光表测光，还可以用灰卡测光值设定曝光。

技术技巧链接：

　　所谓区域测光是指对一定面积内的景物进行综合测光来确定曝光值。对多数单反式 135 相机，区域测光就是对处在取景器中心区域内的景物进行测光，这个区域多是由在取景器中心的一个圆圈来标明。灰卡测光法也可以通过使用相机的内置测光表来完成，这种方法是将灰卡放在与被摄物体等同的光线条件下来测光。这两种测光方法的共同优势都是镜后测光，因此无需考虑镜头延伸或滤光镜所需的曝光校正。用手持测光表测光时，可以避免物体反光度的差异对确定曝光值所带来的影响，但是在拍摄反光度极高或极弱的物体时，还需重新调整曝光。另外，还要根据镜头的延伸和滤镜的使用调整曝光。

　　在拍摄百花齐放的近距照时，应尽力选择风和之日，空中最好有云层。在这样的光线条件下拍摄出的鲜花和嫩草成像清晰、色彩真实。也就是说，拍摄这样的场景时，要使用较为柔和的光线。另外，还要尽力使被摄主体以最高的清晰度成像。

拍摄地点：马森农场生物保护区，美国北卡罗莱纳州。

拍摄数据：尼康 F3 相机，35-70 毫米变焦镜头，光圈 f/22，速度 1/8 秒。

　　北美金翅是一种比麻雀还要小，行动极为敏捷的金黄色小鸟。它们常在花草间跳来飞去，不停地觅食。拍摄这类行动快速的小飞禽，应使用可自动调焦的镜头和能够快速拍摄的相机，最好能够连续快拍。一般情况下，使用 300 毫米的镜头便可以较为自如地追随它们的行踪。但我用尼康全手动 300 毫米机械镜头来拍摄这样的目标时，觉得慢如蜗牛，甚感力不从心。

　　拍摄这只小鸟时，我选择了一片处在背阴中的森林作背景，与小鸟那金黄色的羽毛形成鲜明的对比，有力地突出了被摄主体。

拍摄地点：恩尼斯植物园，美国俄亥俄州。
拍摄数据：富士 S3Pro 数码相机，尼康 300 毫米全手动镜头，光圈 f/5.6，速度 1/180 秒。

捕捉炎炎夏日中的
盎然绿意

　　炎炎夏日的大自然沉浸在一派葱葱的绿意之中。但相比之下，绿色是介乎于典型的暖色调（如红色、橙色）和冷色调（如蓝色）之间稍偏冷的中色调。所以，多数在夏季中拍摄的自然画面都只能表现出葱郁的生机，并不能准确地显现出夏日中的炎热感。在确定曝光时，绿色属于看似容易，却比较难以准确把握的色调，而且更复杂的情况是不同草木的叶子形态、色泽和反光度各异，需要多选几个测光点来准确地确定曝光。另外，在拍摄时应尽力在镜头前加上偏振镜以削减来自叶子的反光，提高色彩的饱和度。

无偏振镜　　　　　　　　　　　　　加偏振镜

　　夏日的大烟山里，苍翠繁茂，充满了绿油油的生机，涓涓溪流处处可见。清澈的溪水、散落的岩石和葱葱的绿叶构成一幅和谐的画面。比较这两幅图，可以清楚地看到使用偏振镜的效果。在拍摄左图时没有使用偏振镜，来自前景中杜鹃树及背景中树叶的反光掩盖了树叶的真实色彩。拍摄右图时在镜头前加了偏振镜，稍微旋转一下，偏振镜的镜面便可极大地削减来自树叶的反光，同时提高了其色彩饱和度。对比一下这两幅画面中的岩石和溪水，也会看到在使用偏振镜时，岩石的色彩变得更加浓厚，溪水也变得更清澈见底了。

拍摄地点：大烟山，美国田纳西州境内。
拍摄数据：尼康 F3 相机，18-35 毫米变焦镜头，光圈 f/22，速度 1/2 秒（无偏振镜）；光圈 f/22-16，速度 1 秒（加偏振镜）。

在拍摄这处郁郁葱葱的芳草地时，我见到远处有片小树林，于是选了一棵开着红花的漆树作前景来增加画面的层次感及景别的对比。当一处景观中缺乏强有力的背景时，可以用突出的前景来弥补，也就是说，一幅成功的画面中一定要有鲜明的主体。

拍摄地点：奥塔瓦国家野生动物自然保护区，美国俄亥俄州。

拍摄数据：尼康 N90 相机，35-70 毫米变焦镜头，光圈 f/22，速度 1/4 秒。

记录秋高气爽中的
丰收景致

　　在拍摄秋收的场景时，要充分利用日出和日落时的暖色光来渲染秋收的盛况，还应使画面保持较高的亮度，这就常常要求在设定曝光时进行曝光补偿。在确定曝光值时，应避开直射的光源，选择景物中光线强度中等、光照较为均匀的区域进行测光，还要根据测光区域的色调和亮度适当进行曝光补偿。从用光的技巧上讲，利用侧光、逆光和顶光及来自其他方向的光线都能拍摄出秋收的盛况。若在画面中包含有人物或车辆等其他移动物体时，还应适当提高快门速度，以保持被摄物体的清晰度，即使稍微损失一点景深也是值得的。

　　金灿灿的青稞地里是一片秋收繁忙的景象。黎明前农民们三三两两地来到田间，开始收割、打捆、装车。那天早晨，顶着星空，我沿着地垄来到地里，架好了相机等待着。四周是雄伟的群山，这时东方的天空刚刚露出一点亮光。旭日渐渐地从山头间升起，照亮了青稞地中的秋收场面。

拍摄地点：拉孜，中国西藏。
拍摄数据：尼康 N90 相机，70-300 毫米变焦镜头，光圈 f/16，速度 1/30 秒。

　　碧蓝的天空中白云朵朵，不时地遮挡了高悬的烈日。此刻没有日出时的金光，也不见黄昏时的彩霞。蓝天、白云和金黄的青稞地构成一幅和谐的秋收场面。

拍摄地点：拉孜，中国西藏。
拍摄数据：尼康 N90 相机，18-35 毫米变焦镜头加偏振镜，光圈 f/22，速度 1/8 秒。

深秋的坝上是一个迷人的世界，起伏的山坡和草地披着金黄色，其间还点缀着白桦和橡树，它们对渲染景色的气氛有着很大的作用。这天傍晚，暮色笼罩着坝上草原，秋色愈加灿烂无比。

拍摄地点：坝上，中国内蒙古。
拍摄数据：尼康 F3 相机，80-400 毫米变焦镜头，光圈 f/22，速度 1/8 秒。

重现寒冬腊月里的
冰雪王国

　　在严冬的冰雪世界中的拍摄情形与在其他季节中拍摄时有着较大的不同。一是对着白雪测光时，要注意曝光补偿；二是要尽力使用快门线，以减小手触所带来的震动，提高画面的清晰度；三要时常留心电池的工作状态，包括相机和测光表中的电池，这是因为电池在严寒中工作效率很低，也可能因寒冷而失效。

　　在冰封雪冻的世界里，对着来自冰和雪的反射光进行测光时，多数情况下需进行曝光补偿才能达到"正常"曝光度。一般情况下，当对着白雪测光时，要提高 2 挡左右；冰的反光度比白雪要低，通常只需提高 1-1.5 挡即可。另外，在白雪覆盖的场景中或多或少会带有来自天空的蓝色调。这对风光摄影是一个有利的因素，因为蓝色调可以渲染出严冬的寒意。至于在某些情况下需要消除来自天空的蓝色调时，在镜头前加上 81A 或 81B 暖色镜就可以使画面中的白雪呈现出纯洁的白色。

深冬的黄石公园沉浸在风雪交加的银白世界里。成排的枯树点缀着山谷间的雪乡，一对野牛在厚厚的积雪中艰难觅食。我在齐腰深的积雪中吃力地来到一个理想的拍摄位置。起初这两头野牛背对着我在刨雪寻草，好在其中一头渐渐地转过身来，这样它的轮廓也就在白雪的衬托下变得清晰可见了。

拍摄地点：黄石国家公园，美国怀俄明州。

拍摄数据：尼康 F3 相机，70-300 毫米变焦镜头，光圈 f/22，速度 1/15 秒。

寒冬腊月，南塔哈拉国家森林中白雪皑皑，寂寂无声，山坡和草木银妆素裹。在这处背光的山坡下，披着积雪的荒草和大大小小的树木映着蓝天的色调，更显隆冬深深的寒气。我以积雪作测光点，又加了1.5挡曝光。

拍摄地点：南塔哈拉国家森林公园，美国北卡罗莱纳州。

拍摄数据：尼康 F3 相机，35-70 毫米变焦镜头，光圈 f/22，速度 1-2 秒之间。

第三部分 Part3
利用光线创造出时空感
Light and Time-Space

根据古老的传说，光产生于地球混沌初开之时。光亦是智慧的载体，它给人类带来了感知和理念，使人类认识到这个立体空间的世界及其万物的存在。人类在进化初期便以壁画的形式来记载和表现自然世界及人类自身的活动场景。以二维平面来表现立体空间是人类的一大创举，而这一创举只有在光的存在下才成为可能。摄影是用光的艺术，没有光的存在，便不会有摄影。摄影在以光来展示立体空间的同时，还记录着另一条奇妙的维度，那就是时间。短时间曝光记录着一瞬间的立体世界，而长时间曝光则可展现出物体的真实动态，如涓涓的溪流，飘浮的白云，繁星运行的轨迹等等。因此摄影在表现立体空间的同时还记录着时间的迁移，这也为摄影艺术增添了独特的表现力。

在自然摄影中，以二维平面来表现多维时空时最常使用的构图元素和格式包括：光与影的组合，明暗带的排列，延伸的曲线，点与面的对比。必须指出的是，以上这些构图元素常常会同时出现在同一幅画面中，因此很难将任何一种孤立地分离出来。这些元素的组合是表现立体空间最基本和最经典的手段。摄影大师亚当斯在黑白风光摄影中，常常巧妙地使用光与影、明与暗以及曲线的组合来展现自然景观的景深。这在他表现沙漠和山川的作品中尤为突出。虽然摄影早已进入了彩色时代，这些基本的构图元素在黑白画面中却显得更加鲜明。当光以倾斜的角度照射到任何不平的表面时，都会产生明亮和阴影的部分。因而，光与影的组合、明与暗的反差多用来展现物体的表面结构。在沙漠景象中，沙丘的向光面和背光面的交界处往往在画面中形成延伸的曲线，从而突出了画面的构成。许多其他的物体也可以形成曲线，如明亮的溪流、斜阳照亮的小路、动物行走过的足迹等等。在某些画面中，虽然没有鲜明的曲线及光与影的组合，却可以利用明暗相间的区域来展现出画面的层次。多数情况下，在设定画面时应尽力寻找和利用景色中的物体排列，如河流、沙漠、山川、森林、雪原等，以有效地使用光影、明暗和曲线来衬托出画面的层次。

技术技巧链接：

在皎洁的月光下拍摄夜空，应先以月亮为基准测光进行第一次曝光，再以夜空为基准测光进行第二次曝光。在对晴朗的夜空进行第二次曝光时，应将曝光时间控制在 30 秒以内，否则繁星运行的轨迹开始显现在画面中，闪亮的星星在画面中呈现为明亮的短线，这与清晰的明月很不相称。

在使用光与影、明暗带及延伸的曲线来构图时，要特别注意控制画面的光比反差。画面中最明亮的部分应保留恰当的细节，而在最黑暗的部分也应根据需要，或显示出应有的细节，或将之完全沉入黑暗。风光摄影中最极端的情况大概莫过于将耀眼的太阳在画面中有所反映。大多情况下，太阳在画面中呈现为一个毫无细节的亮斑。但在日出和日落时被云雾遮挡的太阳常常能够显出球形。另一个极端的情况是黑夜中的明月。在黑暗的夜幕中月亮依然保持着白天的光线强度，因为月光毕竟是直接来自太阳的反光。若要保留月亮的细节，夜空便是一片漆黑；相反，若要显现出夜空的微光，月亮便会严重过曝。因此若要将夜空和明月同时保持适当的亮度，常须使用二次曝光。而黄昏和黎明时的天空有着相当的亮度，一般不需要二次曝光。

利用景物的光比反差来制造景深

当以二维平面来表现三维的立体空间时，需利用画面中不同景物间的光比反差来映现出物体的远近、形状和表面结构。这只有当光源在以一个倾斜的角度照射到物体时才能实现。但并不是光比反差越大越好。多数彩色反转片及当前高质量数码感光组件的曝光宽容度是五六挡曝光级的范围。这就意味着画面中最亮和最暗处的曝光差别要在五六挡曝光级以内。超出这个范围时，画面中便会出现毫无细节的亮斑或黑影。在风光摄影中，这些过亮和过暗的部分很少会成为最理想的构图成分。

　　祥云萦绕着的麦金山依然沐浴在午夜的夕阳之中。这是极地地区特有的非常奇妙的"白夜"现象。盛夏中的阿拉斯加北部不见黑夜，午夜中的太阳不会远离地平线，只是沿着天边在积雪覆盖的巅峰间时隐时现，而后又从东面的山峰上升起。辗转于诸峰间的太阳发出异常柔和的光线，创造了许多拍摄机会。

拍摄地点：德纳里国家公园，美国阿拉斯加州。
拍摄数据：尼康 F3 相机，70-300 毫米变焦镜头，光圈 f/22，速度 2 秒。

选择延伸曲线的景物
使画面更加生动

　　如何在二维平面上表现出三维空间的世界？一个最有效的技巧是利用画面中纵向延伸的曲线。山脊、溪流、沙埂，甚至动物行走的足迹，都可以在画面中形成美丽的曲线。在视觉艺术中，曲线是最为悦目的构图元素之一，摄影者要在实地尽力发现和充分利用各种曲线来构图。比如夕阳映照下一条蜿蜒的小溪可以用来勾画出景深。

　　冬末之际，积雪已大部分消融。我在布满落叶的森林中巡视了很久，依然没有发现任何拍摄机会。可到了傍晚时分，森林突然改颜换面，金色的夕阳映照着森林中的树木和这条蜿蜒的小溪。我便借用这条明亮的小溪来映现出景深。

拍摄地点：卡娅侯格国家公园，美国俄亥俄州。
拍摄数据：尼康 F3 相机，18-35 毫米变焦镜头，光圈 f/22，速度 1/2 秒。

用低速快门拍摄移动的物体来描绘空间，营造动感

在较暗的光照条件下，应当以低速快门来拍摄移动的物体，如流水、摇曳的花草、行走或奔跑的动物时，会在画面中留下这些移动物体运行的痕迹。这些痕迹不但表现出物体的动感，还记录着时间的推移。多数情况下这些痕迹构成了画面中模糊的部分，但这往往也是艺术表现的需要。比如利用奔流的溪水可以描绘出一幅绵延流长的景象，利用摆动的长草可以表现出劲风的吹拂。

在较强的光线下拍摄时，若要表现出物体的动态，应使用中灰滤镜来延长曝光时间。中灰滤镜有不同的强度，每只中灰滤镜可单独使用，也可叠加起来使用以进一步降低快门速度。此外，常规的偏振镜本身没有色调，一般都能减弱光强达1.5挡左右，因此在一定程度上也可以起到中灰滤镜的作用。

技术技巧链接：

中灰滤镜也称为减光镜，它的作用是减弱进入镜头的光线强度，以此来调节对曝光的设置，如延长曝光时间或增大光圈。中灰滤镜是根据其对光强的削减度来划分的，比如降低3挡、6挡、9挡光强等。选择何种减光强度的中灰滤镜主要应根据被摄主体的移动速度以及所要达到的动感效果来决定，比如是要表现出轻微的动感，还是要呈现出连绵的游动感。

　　初春的婷克斯溪流中乱石纵横，水流湍急，岸边树木刚刚吐露绿芽，百草开始返青。此时的太阳被薄云遮挡，阳光均匀地照亮了溪流、岩石和草木。在光线不强的山谷间拍摄溪水时，在镜头前加上一只偏振镜，足以延长曝光时间来记录水流的动态。

拍摄地点：卡娅侯格国家公园，美国俄亥俄州。

拍摄数据：尼康 F3 相机，18-35 毫米镜头加偏振镜，光圈 f/22，速度 1 秒。

　　乌云笼罩着哈特拉斯角的上空，来自大西洋的阵阵海风吹起岛上的尘沙，芦苇随风沙沙作响。这是一个较为典型的拍摄动态景物的例子。为了延长曝光时间，在镜头前加上了偏振镜，同时也想削减一些来自空中的散射光。偏振镜本身并不改变画面的色调，但它降低了进入镜头达1.5挡的光强，因而我可以让光圈保持不变，而相应地延长了1.5挡的曝光时间。摇曳的芦苇在画面中产生了模糊的影像，显现出风吹的场景。

拍摄地点：哈特拉斯角，美国北卡罗莱纳州。
拍摄数据：尼康F3相机，35-70毫米变焦镜头加偏振镜，光圈f/22，速度1/2秒。

单反相机的 B 门是快门设置中特殊的一挡,其曝光时间的长短是由手动按下 B 门的时间长短来决定,也就是说只要轻按快门,保持打开状态。较为传统的胶片相机(如尼康 F3 相机)还有 T 门。使用 T 门,可以使相机在开关保持关闭状态时,依然可以打开快门,这样在长时间的曝光中不耗费电池。T 门在拍摄长夜中的星轨时有着极大的优势。

长时间曝光拍摄星轨
再现时间的流逝

黑夜拍摄是风光摄影中的一个极端情况。绝大多数时候,摄影者只能依靠星光和月光来拍摄。另外,还可以加用人工光源,黑暗的夜空本身也有微光。但这些光的强度远远低于白天时的光强,因此在使用低感光度的感光材料来拍摄时,需要几十分钟甚至若干个小时的曝光才能获得清晰的物像。拍摄黑夜的场景时,要使用较重、稳定性高的三脚架和云台。

　　以往，每当来到大烟山时，总是见到群山日夜沉浸在云雾之中，长时间见不到晴空。由于近年来常年少雨，不仅溪流干涸，而且漫天迷雾的景象也变得罕见了。于是我开始探索新的拍摄可能性。一个明朗的深秋之夜，我在悬崖下安放好三脚架和相机，经过了数小时的曝光，拍摄出这幅布满繁星运行轨道的夜空景象。

拍摄地点：大烟山国家公园，美国北卡罗莱纳州。

拍摄数据：尼康 F3 相机，18-35 毫米变焦镜头，光圈 f/4，速度 4 小时。

技术技巧链接：

在设计或确定画面中景物的位置时，应开启液晶取景器中的网格线来辅助构图。对于较为传统的胶片相机，也应使用带有网格线的调焦屏，如尼康 F3 相机的 E 型调焦屏。除了帮助确定景物的位置外，调焦屏上的网格线还可以用来调整画面的水平位置，以确保地平线是水平的，树干也是垂直的。

在画面中加入视觉焦点来打破画面的单调、增强空间感

视觉焦点是画面中最引人注目的景物。然而，鉴于美学标准的制约，作为视觉焦点的景物常常不是位于画面的正中心，也无须在画面中占据大部的空间。决定其视觉地位重要性的是，它们在画面中的特殊位置，以及与其他构图成分的对比。在视觉效果上，它们常常打破整幅画面的单调或平淡，起到画龙点睛的作用。在某些情况下，它有确定或增强空间感的作用。

　　在一处葱绿而茂密的森林旁盛开着一大片的油菜花。一只鹿在花丛中穿行、跳跃，时而停下来张望，两只耳朵高高地竖起聆听着周围的动静。我移动相机跟随着它，在它站立的时刻，按下了快门。在使用长焦镜头成像的画面中，构图成分在空间上有一种压缩感，又加上视角较小，因而空间的层次感不够明显。这头鹿成了这片油菜花中的一个视觉焦点，从视觉效果上看，它的存在不仅打破了这个平面的单调的油菜花地，而且还增添了油菜花平面的空间感。

拍摄地点：奥塔瓦国家野生动物保护区，美国俄亥俄州。
拍摄器材：尼康 F3 相机，70-300 毫米变焦镜头加 1.4X 增距镜，光圈 f/8，速度 1/30 秒。

一个深冬的黄昏，天空格外晴朗，明月已从树杈间升起。高高的杨树似乎尽情地沐浴在当天最后一刻的夕阳之中。在黄昏前后，天空依然有着较高的亮度。在拍摄带有明月的画面时，由于明月的反光度较高，差不多与白雪相当，因此，无需二次曝光。在这幅画面里，蓝天中那看似细微的明月对显现空间感起到了关键性的作用，否则光秃的树干和平淡的蓝天会显得缺乏视觉的焦点。

拍摄地点：马森农场生物保护区，美国北卡罗莱纳州。

拍摄数据：尼康 N90 相机，35-70 毫米变焦镜头，光圈 f/22，1/2 秒。

利用明暗对比的排列
来突出空间感

　　根据景物的布局，选择明暗对比的排列也可以用来表现空间感。在相同光线条件下，景物间明暗反差主要由其反光度的不同所致。自然界中多种物体，如山川、草木、河流、云雾等等，对光有着不同的反光度。水在不同的物理状态下，包括流动的水体、雨、冰霜和白雪，同样有着不同的反光度。一年四季中，草木处于不同的生长状态，其形态各异的叶子、枝干、花果等也有着不同的反光度。摄影者要在实地创作中随时细心地观察大自然中的一切，认真了解山山水水和一草一木。在创作中细心了解景物间细微的明暗反差，巧妙地将它们用于自己的艺术创作中。

　　在黄龙国家地质公园拍摄的这幅作品中，我借用蜿蜒而伸展的岩坡曲线，与明暗相间的水面相结合，来构画出景深。用偏振镜最大程度地消除了前景中水面的反光，而在画面的中部保留了明亮的水面。处在画面上部的庙宇和山坡构成一个暗区，与顶部布满云雾的天空形成鲜明的对比。

拍摄地点：黄龙国家地质公园，中国四川。
拍摄数据：尼康N90相机，18-35毫米变焦镜头加偏振镜，光圈f/22，速度1/4秒。

一个初春的傍晚,夕阳中的格伦峡谷怪石林立,洒上了片片金光,峡谷愈加显得辉煌无比,一道长影更添静谧的气氛。

拍摄地点:格伦峡谷国家公园,美国亚利桑那州。

拍摄数据:尼康 F3 相机,18-35 毫米变焦镜头,光圈 f/22,速度 1/4 秒。

巧妙地利用阴影凸现景物的层次和轮廓

太阳与地球间有着极为遥远的距离，我们身在地球看太阳时，它只不过是一只悬挂在空中亮度极高的光盘。天空中无论是阳光明媚，还是乌云蔽日，每个凸出地面的物体或多或少都会在地面上投下阴影。地球除了沿着轨道围绕太阳旋转外，还在不断地自转。一天中只有一个短暂的时刻，那就是当物体处在太阳通过地球中心的直线上。因此，在阳光下大多数凸出地面的物体都会与太阳有一个角度，从而投下阴影。在阳光明媚的晴天里，物体的受光面与阴影间有着很大的光比反差。而在阴天，阳光只能透过云层普照大地，光线较为柔和，使阴影与受光面间的光比反差大大减小，有时甚至难以用肉眼辨识。

在彩色摄影中，许多摄影者刻意地去避免画面中的黑影。这在许多情况下并不是一个错误或缺陷。然而不是任何情况下都应回避黑影。巧妙地利用黑影可以增强画面的层次、映现物体的轮廓，甚至为画面增添一层特殊的气氛。

　　碧蓝的天空下，梅里雪峰在云雾萦绕中时隐时现，山峰下积雪皑皑，冰川耸立，而近处的这一大片山坡处在阴面，但同时，这一大片的阴影可以将前景中的冰川与远处的冰川和雪峰分离开来，强化景深，同时还会增加画面的对比度。于是我果断地按下了快门。

拍摄地点：明永冰川，德钦，中国云南。
拍摄数据：尼康 F3 相机，35-70 毫米变焦镜头，光圈 f/22，速度 1/8 秒。

夕阳下的旷野格外寂静，荒草地上布满了约书亚树的长影。西边明亮的天空和长长的树影，使得画面在横向上显出鲜明的层次。低角度的光线有一种鲜明的方向性，这可以由景物中强烈的明暗对比或阴影的走向来产生，也可以从画面中由亮区向暗区的渐变而显示。由于人的视觉对自然界中上明下暗的光强分布习以为常，人的眼睛对画面中在纵向上的光强反差远远不如对横向上的那么敏感。因此，景物在横向上的光强反差常常给画面带来一种强烈而鲜明的层次感，即使画面中没有包括光源（也就是太阳），其在横向上的方位也会显而易见。

拍摄地点：约书亚树国家公园，美国加利福尼亚州。

拍摄数据：尼康 F3 相机，20 毫米镜头，光圈 f/22，速度 1/15 秒。

通过点线面的对比使画面更具诗意气息

　　从视觉构成的角度来讲，当把自然世界的三维空间压缩到二维平面时，万物的影像都由几种最基本的构图元素来刻画，那就是点、线和面。在一幅画面中，这些构图元素越突出，影像也就越生动。比如，夕阳下起伏不平的沙漠中明与暗的交界处形成的曲线，其间一簇簇的沙生植物便自然成了星星点点，无垠的沙漠本身便是一幅广阔无边的画面。

　　在大自然中也不难找出点线面的构成：广阔的海洋、草原和平整的田地等等都可视为面；在明暗或色调截然不同的物体的交界处可以自然地形成曲线，比如大草原中一条细长蜿蜒的小河就成为面中的一条曲线。在广大的面中点缀的可分辨又相对很小的物体就成为这个面中的点，如沧海中的一座小孤岛就是面中的一个点。然而，点、线、面也是根据大小和远近相对而言的。比如，草原中的一片小湖相对于广阔无边的大草原来讲，就是面中的一点。当来到小湖旁，见到小湖中的几簇水草时，小湖即刻变成了一个平面，簇簇的水草成了水面上的点。这样的例子不胜枚举，摄影者要在实地认真分析大自然的构成，巧妙地利用光线进行艺术创作。

沙漠一直是激发我幻想的题材。在几年前一次"丝绸之路"的拍摄行程中，顺便来到了离敦煌不远的鸣沙山。傍晚时分，一束夕阳穿过鸣沙山上的陡坡照亮了这处较平缓的地带，星星点点的沙生植物在沙坡上留下长长的影子。这束光芒给大片阴影带来一道亮线，把处在阴影中的前景与背景分离开来，增强了画面的层次感，使得这幅景致意趣横生。

拍摄地点：鸣沙山，敦煌，中国甘肃。
拍摄数据：尼康 F3 相机，70-300 毫米变焦镜头，光圈 f/16，速度 1/15 秒。

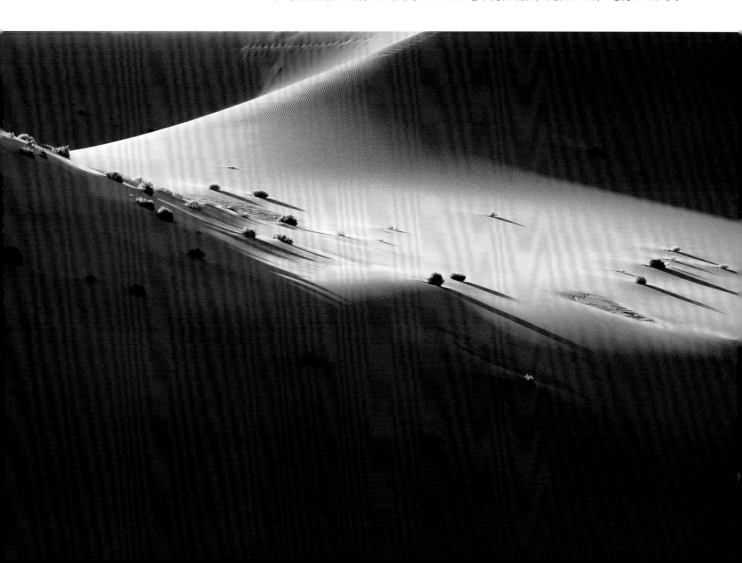

第四部分 Part4
利用光线给画面带来色彩
Light and Color 色彩

摄影是以二维画面来表现多维空间的艺术。在黑白风光摄影中，自然万物是完全以光与影、明与暗来刻画的。而现代科学技术的发展将色彩带给了摄影艺术，色彩为摄影艺术增添了一个崭新的维度，同时极大地扩展了摄影的表现能力。在现代摄影中，色彩早已成为构图的一大要素，色彩的存在也大大地加强了二维画面对立体空间的视觉加工。色彩给物体披上新装，使观者对自然画面产生新的感悟和解释。

色彩是光的物理特性。日常的可见光由多种颜色的光波混杂而成，而每种光波的颜色是由其特有的波长来决定的。在任何时刻，大自然中的光线成分都极为复杂，而人的肉眼对光线成分的辨别力远远不如胶片或其他感光元件那样敏感和精确。多数情况下，风光摄影中的可用光线皆来自太阳。自然界中光线成分的变化与阳光对地球表面的照射角度紧密相关。主要是由于在其照射到地球表面时，地球的大气层对阳光中不同光线成分的散射和折射率有很大不同，由此对光线成分产生解离，而导致色彩的变迁。大自然中光线成分变化最剧烈的时刻是在阳光以低角度照射地球表面时，其在大气层中的传播距离增长，由此产生的光线成分的变化也加大。因此大自然中色彩最丰富的时刻多发生在昼夜交替之际，也就是日出和日落之时，这也是风光摄影的黄金时刻。此时的光线不仅以光和影，而且还以绚烂的色彩给自然界万物涂上神奇的视觉效果。

地球表面的大气层对自然界的光线成分有着直接的影响。大气层中 78% 是氮气，21% 为氧气，其余是水蒸气、氩等气体和尘埃，大气层中还有一层臭氧，它吸收了大部分来自太空的紫外线。蓝色的天空主要是由于大气层对阳光的散射所致。气体分子和飘浮的尘埃对短波长的光线，特别是蓝光，有较大的散射作用，而使天空呈现蓝色。当太阳接近地平线时，阳光在大气层中穿越较长的距离，由于大气层对光的散射效应，

技术技巧链接：

在皎洁的月光下拍摄夜空，应先以月亮为基准测光进行第一次曝光，再以夜空为基准测光进行第二次曝光。在对晴朗的夜空进行第二次曝光时，应将曝光时间控制在 30 秒以内，否则繁星运行的轨迹开始显现在画面中，闪亮的星星在画面中呈现为明亮的短线，这与清晰的明月很不相称。

照射到地球表面的光线中，短波长光线的相对含量大大降低，而呈现黄色、橙色、橘红色。即使漆黑的夜空也闪烁着不同颜色的微光，称为大气光，这是由于上层大气中的气体成分（包括原子氧、离子氮，钠、钙、钾、锂等金属离子）吸收了来自太空宇宙射线时产生激发态或离子复合等效应，而后又释放出较低能量的可见光。当然，夜空中的微光要经过长时间的曝光才可以在画面中显现出来。另外，火山喷发、野火等自然现象，以及工业污染物对大气成分，特别是外层大气，有着较大的影响，从而也会直接影响大自然中的光线条件。

人的眼睛对不同色彩的光线也有着不同的视觉敏感度。日出和日落时的阳光多呈黄、橙色，人的肉眼对黄色和橙色较敏感。无论是金黄色的山崖，还是沐浴着暖黄色的大地，不同的曝光量都会产生较强的视觉效果。当太阳在地平线以下时，阳光常呈橘红色，这是因为此时的光线中长波段的光波（如红色）占主流。人眼睛中的视网膜上有两种光感细胞，即棒形和锥形光感细胞。其中，棒形光感细胞对长波段的光线敏感度较差，因此人的眼睛很容易对昏暗的红色失去辨别力。所以，在此类画面中要有较亮的色调才可显示出红色的绚丽。

选择日出日落时分捕捉美丽的彩霞

当太阳接近地平线时，也就是日出或日落时，阳光在地球表面的大气层中的传播距离会大大延长，大气层对光线的物理效应包括折射、散射和反射，使得光线成分发生较大的变化，就产生了迷人的彩霞。正是由于大气层对光线的这些物理效应，当太阳在地平线附近时依然能普照大地。

夕阳已从森林的上空落下，湖面和树丛显得宁静异常。天空也渐渐地变得昏暗，而这时的彩霞却愈发显得绚烂无比。彩霞和树干的剪影总是完美的组合，它们相辅相成，使得画面构图丰富、层次鲜明。

拍摄地点：商人磨池自然保护区，北卡罗莱纳州。

拍摄数据：尼康F3相机，35-70毫米变焦镜头，光圈f/22，速度2秒。

　　这个黎明的天空格外明亮，一朵朵彩云在空中徐徐飘舞，而朝阳却迟迟不露出山巅。我决定拍下这幅画面。几分钟过后太阳从山顶升起，刹时间强烈的阳光冲淡了彩霞。虽然日出和日落时的光线色彩最为丰富，那么如果太阳被高山遮挡着，为何依然可以见到这些彩色的光线呢？答案是因为大气层和云朵的反射、折射以及散射。

拍摄地点：大烟山国家公园，美国田纳西州。
拍摄数据：尼康 F3 相机，35-70 毫米变焦镜头，光圈 f/16，速度 1/2 秒。

在阳光透过迷雾的瞬间
制造唯美的画面

　　阳光与大地景物间的相互作用往往会产生光怪陆离的视觉景象。迷雾是大地上最富动态和变幻的流动物质，也是摄影师最得力的助手。迷雾可以极大地改变光照条件，也可为画面带来奇异的色彩。巧妙地利用迷雾能为画面带来神秘的气氛。本书中其他的部分还会再谈到将迷雾用于风光摄影的实例。

　　哈特拉斯海湾大雾弥漫，夕阳像一轮明亮的银盘高挂空中。矗立在沙坡上的观望台似乎在向人们召唤，而此刻却无人涉足。在风光摄影中，虽然人造景观极少被纳入到画面中，但有时偶尔在特殊光线条件和景物布局下，人造景观会成为很强的构图元素，不妨顺其自然，抓住这样的拍摄机遇。

　　云雾是风光摄影者的好朋友，在许多情况下，它不仅可以有效地渲染气氛，还有着调节景物的光比反差等作用。在这幅画面中，若没有那漫天的迷雾，要想使天空保持同样的曝光量，画面中的前景就会呈现出漆黑一团，并且还会充满眩光。

拍摄地点：英形岛国家野生动物自然保护区，美国北卡罗莱纳州。
拍摄数据：尼康 N90 相机，35-70 毫米变焦镜头，光圈 f/16，1/30 秒。

架设好相机，等待和捕捉
天空色彩突变的刹那

　　摄影者在实地创作中应密切注意每一刻的光线变化，不要想当然地认为自然光每天都在一成不变地循环往复。要知道人的肉眼对光线的细微变化，包括色温、色调和明暗度等等，都不是很敏感，也很不准确。尤其是在日出和日落光线变化异常迅速的时刻，更要求摄影者凝神观察，随时按下快门，留住理想的画面。

　　从拉萨到珠峰大本营，开车需两三天时间，途中的歇息地之一是拉孜。这里有村庄和驿站，还有大片的青稞地，四周是高高的群山。这天下午，随着摄影团到达驿站，卸下行李后，我就背着三脚架和相机来到山谷间寻找拍摄地点。傍晚时分，落下山头的夕阳映照出空中的云彩。随着光线的变化，我拍摄了数张，然而只有这幅作品中光线和云雾的布局较为理想。

拍摄地点：拉孜，中国西藏。
摄影地点：尼康 N90 相机，70-300 毫米变焦镜头，光圈 f/22，速度 1/8 秒。

借助光线在色彩和亮度上的梯度使画面富有层次

　　在没有可对比的景物的情况下，是否可以创造出画面的层次？也就是说在这种情况下如何显现出画面的景深？答案是借助光线在色彩和亮度上的梯度。当太阳位于地平线以下时，从地平线至正上方的天空有由明变暗的层次，在地平线附近最为明亮，光线随着高度的增加逐渐减弱，直至黑暗。这种现象在黎明和黄昏时几乎是同样存在的，只是在黎明时天空随着太阳的升起逐渐地变得明亮，而在黄昏时随着太阳的落下，整个天空渐渐变得愈加黑暗。单独利用光线在色彩和亮度上的梯度就可以映现出画面的景深。

　　一个初冬的黎明，朝霞映红了载满薄冰的将军湖。湖畔的荒草上挂满了厚厚的寒霜，脚踏在上面"沙沙"作响。繁星点点的夜空中，启明星脱颖而出。在这幅以小光圈曝光的图片中，启明星是唯一一颗显示在胶片上的星星。朝霞的色彩和亮度的层次给画面带来景深。

拍摄地点: 坝上, 中国内蒙古。
拍摄数据: 尼康 F3 相机, 18-35 毫米变焦镜头, 光圈 f/22, 速度 20 秒。

在深秋的森林中寻找
大自然的那片金黄

　　在秋天来临之际，大自然改颜换貌，顷刻间为缤纷的色彩所渲染。其中最有代表性的当然是金黄色调。夏日里那绿意葱葱的森林突然变得金光灿烂、色彩明媚。值得指出的是，金黄色的叶子对光线的反射度较高，因而当以黄叶作为测光点确定曝光时，应适当进行曝光补偿，一般是在0.5-1.0挡曝光量之间。

　　到了深秋时分，虽然许多树木的叶子已经落下，但迷人的秋意尚未离去。树下、草丛和岩石旁都散落着色彩各异的树叶，它们依然代表着秋色。另外，光秃秃的树枝、树干在灿烂夕阳的沐浴中也会再现秋意。

　　秋色渲染的山谷间流水淙淙，落叶纷纷。明媚的晨光照亮了满载秋叶的黄桦树。这是我数年中在此见到的最绚丽的秋景。大自然在改颜换貌时，并不是每年都重演其往日的盛况，摄影者需年复一年地故地重游。

拍摄地点：卡娅侯格国家公园，美国俄亥俄州。
拍摄数据：尼康 F3 相机，18-35 毫米镜头，光圈 f/22，速度 1/4 秒。

　　静谧的傍晚时分，湖中大大小小的池柏树沐浴在夕阳最后的暖意之中。这是商人磨池一天中最迷人的时刻，大自然将最绚丽的色彩呈现在这处池柏树林立的浅湖中。我沿着布满落叶和树根的湖岸边，深一脚、浅一脚地寻找着最理想的拍摄位置。湖边上生满了池柏树的锥形膝状根，它们露出地面，在水边、湖岸上盘根错节，安放和调整三脚架都很吃力。虽然已经过去了很多年，但依然会时常地回味起那一个神奇的傍晚。

拍摄地点：商人磨池自然保护区，美国北卡罗莱纳州。

拍摄数据：尼康 N90 相机，35-70 毫米变焦镜头，光圈 f/22，速度 1/8 秒。

在暮色来临前留住
令人难忘的蓝调世界

　　博大的自然界是由可见与不可见的物质共同组成的。晴空万里中依然有着大气和浮尘，它们对照射到地球表面的光线成分有着极大的影响。由于这些不可见物质对光的散射，使得天空和连绵的山脉呈现出蓝色。

　　由于大气对短波长光的散射度较高，所以蓝色光从太阳的直射光线中分散开来，晴天里在直对着太阳以外的其他方向，都能看到蓝色的天空和连绵起伏的山峦。但为什么在层峦叠嶂的景色中，近处的山坡较蓝，而远处的山峦呈现淡蓝？这是由于所看到的蓝色光线的主体是来自这些山坡的带有蓝色调的反光。这些蓝色调光线还要再度在大气中穿越或近或远的距离才能到达我们的视网膜，在这个过程中又发生了次级散射。来自那些距我们较近的景物的光线受到较轻度的次级散射，因此蓝色调较深。来自远方物体的光线受到较强的次级散射，蓝色光的损失较多，色调也就变得较浅。这种光学现象对风光摄影极为有用，由近而远、由深而浅的色调变化也为画面增添了层次感。

　　苍茫的暮色中，蓝脊山脉连绵起伏，草木漫山遍野，一望无际。层层的山峦由近而远，由暗到明的色调自然地为画面提高了景深；而此刻太阳已向西偏移，待它刚刚离开取景器中的一角时，我按下了快门。

拍摄地点：蓝脊山脉，美国北卡罗莱纳州。
拍摄数据：尼康 N90 相机，35-70 毫米变焦镜头，光圈 f/22，速度 1/30 秒。

凝固火烧云的气势磅礴之美

　　赤红的火烧云产生于大气对光线的折射和散射，以及云层对光线的反射。当太阳以低角度照射地球时，光线在大气中的传播距离显著地增长，较多的短波长光受到散射，而较多的长波长光（如红、橙光）得以传播到地球表面，为万物涂上绚丽的色彩。火烧云可以在日出或日落时产生，但并非在每天的日出和日落都能见到，它的形成与云层的密度和空间位置密切相关。

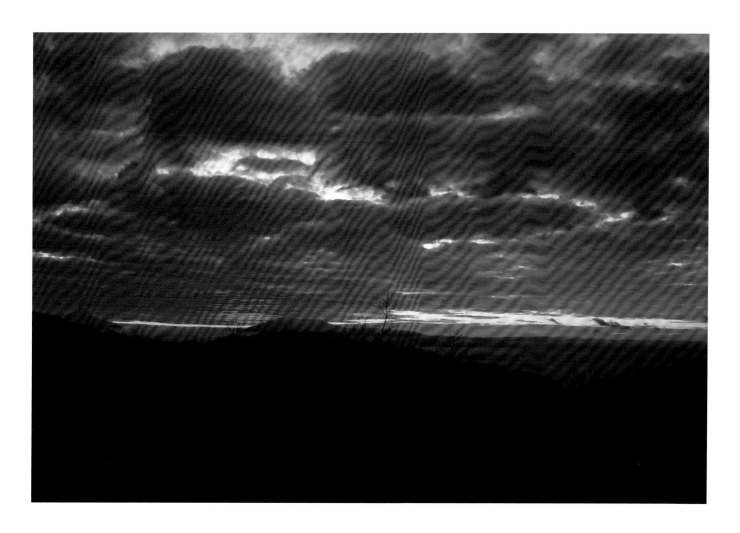

　　黎明时分，东方的地平线上刚刚露出亮光，我就已在山头前等待着日出了。当时空中大片乌云压在远处的山峰间，不由暗想：朝霞或许不会出现了。未料到几分钟后初露山头的朝阳透过密云的一道缝隙，从底面映红了云层，顷刻间乌云变成了辉煌的彩云。大自然的光线变化莫测，摄影者应时时做好准备捕捉那难得的机遇。

拍摄地点：仙娜朵国家公园，美国弗吉尼亚州。
拍摄数据：尼康 F3 相机，35-70 毫米变焦镜头，光圈 f/16，速度 2 秒。

利用景物的反光映现色彩

　　在风光摄影中，除了要充分利用来自天空的直射光以外，还应巧妙地将景物的反射光用于艺术创作。大自然中许多物体都有着很强的反光度，如水面、冰雪、沙漠和光滑的岩壁等等。利用反光对幽暗光线下的拍摄尤为重要，因为景物的反光可以照亮处于暗处的物体，为亮度较低的景物提供细节，还可以均衡画面的亮度的布局和明暗景物间的光比反差。

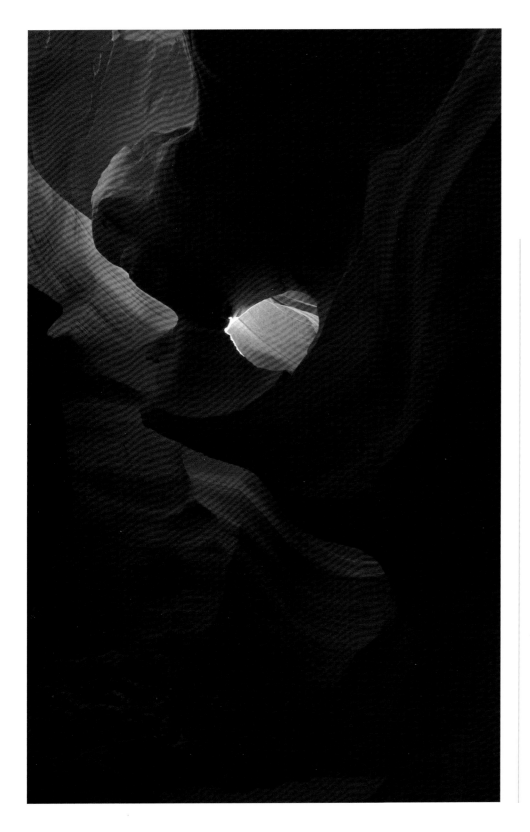

　　峡缝谷位于亚利桑那州的北部，这个狭窄而幽深的石间峡缝是在几十万年间由雨水的急流冲刷而成。能够形成峡缝谷的地带多为砂岩和石灰岩。烈日经过峡缝的上空时，给岩缝中带来短暂的光亮，顿时映出火红的岩壁，这是大自然的精雕细琢，是时间的蚀刻，是天公的造化。

　　自然光的色彩变化不仅在大气中的散射和折射过程中产生，还会经过物体表面的反射而形成。这是由于每种物体都会对自然光中的一些光线成分有所吸收，对另一些光线成分有着不同程度的反射，从而产生了物体的颜色。

拍摄地点：峡缝谷，美国亚利桑那州。

拍摄数据：尼康 F3 相机，18-35 毫米变焦镜头，光圈 f/22，速度 4 秒。

披着霞光的将军湖湖面上，大雾弥漫，湖面上金光闪闪。湖中心的水面上泛起了涟漪，而细长的水草却纹丝不动。在拍摄这幅晨景时，太阳依然被群山遮挡，但是东方的天空已是明亮无比。湖面的反光大大地减小了画面的上部和下部的光比反差，同时也映现出飘浮在水面上的雾气。眼见如此美景，必然是在太阳露出山脊之前，一定要多拍几张。

拍摄地点：坝上，中国内蒙古。

拍摄数据：尼康 F3 相机，80-400 毫米变焦镜头，光圈 f/16，速度 2 秒。

显现夜空的迷人色调

要将繁星闪烁的夜空映现成画面，主要是利用星空中的大气光。大气光是由地球的外大气层与宇宙射线的相互作用而产生的。外大气层中的不同原子和分子会发出不同波段的光波。比如，氧原子可发出红色和绿色光，钠离子可发出黄色光。究竟什么时候会有哪一种大气光，主要取决于太阳表面的能量释放。在漆黑的夜空中，没有太阳的直射，为什么会有大气光？天文物理学家们认为，外层大气极为稀薄，吸收了太阳能而处于激发态的大气分子需积累到一定的比例，并且很有可能还需有外界的触发，才能释放大气光。由于在夜间拍摄时的曝光时间较长，需使用稳定度极好的三脚架和云台，才能获得清晰的画面。

美国西部的旷野中，夜空是另一个神奇的世界。在晴朗的夜晚可以观察到许多奇异的天文现象。这幅画面所呈现的红色夜空来自大气光。

拍摄地点：拱形岩国家公园，美国犹他州。

拍摄数据：尼康 F3 相机，18-35 毫米变焦镜头，光圈 f/4，速度 4 小时。

大烟山顶上簇生着密集的云杉林，多年来由于酸雨和虫害的袭击，不少树木已经枯死。明朗的夜空下，这些孤冷的残枝枯干，似乎在向苍天求援。而在这繁忙的夜空中，群星你来我往，无暇问津。

暗淡的大气光通常要在晴朗的夜空下拍摄时才可呈现在画面中。在长时间的曝光中，与摄影者相伴的是漫天的星斗。以长时间的曝光来拍摄夜景时，要将三脚架和云台的每个关节和旋钮拧紧，牢牢地将相机锁定在位。夜幕下的旷野中，不时会有风吹过，因此最好使用重型的三脚架才可获得清晰的画面。

拍摄地点：大烟山国家公园，美国北卡罗莱纳州。

拍摄数据：尼康 F3 相机，18-35 毫米变焦镜头，光圈 f/4，速度 6 小时。

景深是指在精确调焦点前面和后面的一定距离内能够形成清晰物像的空间范围。在风光摄影中，为了获得最大的景深，一些摄影师将镜头对焦至无穷远，还有一些摄影师把镜头对焦在景物的前 1/3 处。然而，光物理学指出将镜头定焦在所谓超焦距的位置可以获得最大的景深，这时从超焦距一半的距离至无穷远的范围内的一切景物都是清晰的。对于传统的机械镜头，确定超焦距很容易，首先将镜头的调焦至无穷远的刻度位置与要使用的光圈的刻度位置对齐，再从景深范围刻度的另一端找出所对应的调焦距离，就是该镜头在此光圈时的超焦距。对于现代的自动调焦镜头，很难再能找到景深范围的刻度，摄影者只能细心阅读制造商提供的技术资料和图表，将景深范围的有关资料复制下来，备在身边作参考。

手动对焦捕捉绚丽的彩虹

彩虹是非常短暂易逝的光学现象。它是由直射的阳光穿过空中的水分子或尘埃时产生折射而分离出不同波长的光线，在空中形成弧形的彩色光环。彩虹可以在雨后初停的阳光下产生，也可以在水珠弥漫的瀑布中形成，甚至还可以在漫天的沙尘中产生。产生彩虹的先决条件是必须要有阳光的直射。在地面上看到的彩虹都是不大于半圆的弧形，从圆心和彩虹的圆弧至眼睛的视角半径总是 42°。彩虹圆弧的大小取决于观者相对于地平线和太阳的位置。太阳越接近地平线，所见到的圆弧也就越大。当观者站在高山上时，观察位置高出地平线，见到的彩虹也就大于半圆形。在高空中观察时，还可以见到整个圆形的彩虹。有时在主彩虹以外，还可以见到较弱的次级彩虹。由于彩虹只是一种特殊的光线，并不是景物实体，所以在拍摄彩虹时要手动对焦。另外，使用偏振镜还可以显著地提高彩虹的清晰度。

下午的太阳已向西偏斜，滔滔的瀑布依然倾泻如故，气
势无比。从落水中分散开来的水雾弥漫空中，在西斜的阳光
下映出了彩虹。此时，我将相机对准了彩虹，在镜头前加上
偏振镜，以手动对焦来拍摄这幅画面。

拍摄地点：尼加拉瓜大瀑布，加拿大。
拍摄数据：尼康 F3 相机，18-35 毫米变焦镜头加偏振镜，光圈 f/22，
速度 1/8 秒。

第五部分 Part5
将光线用于艺术创作
Using Light in Art Creation

光线的色温决定画面的色调

　　光的色彩是由色温来度量。那么颜色是如何与温度联系在一起的呢？这要从能量互换的原理开始。自然界中不同形式的能量，如光能、热能、电能、原子能等，都是可以相互转换的。热能可以转换成光能，光能也可以转换成热能。阳光是来自太阳表面剧烈的原子能反应，从而由原子能转换成光能的形式传播到地球及其他星体。当阳光照射到大地时，暖化了万物，此时光能又转换成了热能。19世纪英国物理学家洛德开尔文首次提出了色彩与温度间的关系。他设想如果有一种理想的物质能够毫无损失地将其吸收的所有热能转换成光能，并以光的形式释放出来，那么它所产生的光谱中的能量分布是随着温度而改变的。当该理想物质的辐射光谱的能量分布与某种光源发出的光谱的能量分布等同或最接近时的温度，就是这个光源的色温。由此开尔文这个名字也成了色温的度量单位。大自然晴天里中午时阳光的色温是5400K，日出、日落时的色温是1900K，阴天时是6500K，蓝天是12000-18000K；夜间的月光是4100K，烛光是1850K，荧光灯是3000K，电子闪光灯是6000K。

　　低色温的光趋于红、黄色调，其能量分布中红色调较多，因此又通常称为"暖光"；高色温的光趋于蓝色调，其能量分布较集中，也称为"冷光"。光的色彩有着强烈的心理作用，因此色温也用来表示颜色的视觉印象。红、黄色调给观者一种温暖、热烈的感觉，而蓝、青色调有一种冷漠、消沉的情调。人眼对色彩的识别远不如胶片那样精确，因此摄影者要在实践中逐步学习胶片或数码感光组件如何感光。对风光摄影来讲，色温是光最重要的物理特性之一。摄影者必须了解一天中不同光线条件下的色温，才能拍摄出理想的图片。

    黄昏时分，西部的天空依然充满着夕阳的余晖，晚霞的色彩由橘红到碧蓝的变化给画面背景的光线带来色温的层次。在视觉效果上，色温的层次所产生的是景深，它使得背景中的天空看起来是由远而近弯曲的。如果背景的天空在色调和亮度上是均匀的，那么画面就会显得平坦。树枝和树干的剪影不仅提供了构图的骨干，同时也简化了画面的结构。

拍摄地点：马森农场生物保护区，美国北卡罗莱纳州。

拍摄数据：尼康 N90 相机，35-70 毫米变焦镜头，光圈 f/16，速度 2 秒。

　　一道晚霞涂绘着积雪覆盖的阿拉斯加山脉，似乎更增添了一层寒意。山谷中的小水潭安然地映现着山头的霞光，四周寂静无声。我在德那里国家公园里搜寻了一整天，见到了不少景致，而唯有此刻的画面最精彩，让人忘却了疲劳和饥渴。

　　人的眼睛对色彩的辨别力并不那么精确，对色彩的细微差别只有将不同色彩并列地放在一起比较时，才能辨别出来。但是人眼对色温的心理感觉却异常敏感，一种颜色显现的是暖意、中性还是冷意，一目了然。

拍摄地点：德纳里国家公园，美国阿拉斯加州。
拍摄数据：尼康 F3 相机，35-70 毫米变焦镜头，光圈 f/22，速度 1 秒。

　　严冬中的约瑟米蒂国家公园是一个神奇的世界，连续几天的大雪重新涂绘了这里的山水草木。晨光映照着湍急的默斯河，河的两岸、树枝和山崖上都覆盖着积雪。我吃力地将三脚架安放在几棵倒在岸边的红松上，勉强拍下了这幅晨光中的雪景。此刻在这处开阔的山谷中，天空在积雪和河水上投上一层蓝色调，突出了清晨的阴冷。

拍摄地点：约瑟米蒂国家公园，美国加利福尼亚州。
拍摄数据：尼康 N90 相机，35-70 毫米变焦镜头，光圈 f/22，速度 2 秒。

　　深冬的小迈阿密河上水道蜿蜒，残冰参差错节。暖水从河上游的一处小温泉不断地涌出，因此河面上冻结与消融、流水与冰封总在你来我往，相互交错。此刻的小迈阿密河平静异常，残冰上洒着几束夕阳的余晖。然而整体画面中蓝色的主调映现着一层寒意。

拍摄地点: 克利夫顿峡谷自然保护区，美国俄亥俄州。

拍摄数据: 尼康 F3 相机，35-70 毫米变焦镜头加偏振镜，光圈 f/22，速度 2 秒。

　　夕阳渐渐退隐到树枝的背后，空中依然弥漫着薄雾。哈特拉斯海湾上，多枝的小树在绚丽的夕阳中别具风姿。橘红色的夕阳与树枝交错的剪影总带有一种酷暑的感觉。我拍了数张，只有这张避开了耀斑。

拍摄地点：哈特拉斯角，美国北卡罗莱纳州。
拍摄数据：尼康 F3 相机，35-70 毫米变焦镜头，光圈 f/16，速度 1/15 秒。

刚露出地平线的朝阳照亮了这群山环抱的旷野。沐浴在灿烂的朝霞中的这株刺木仙人掌和其他沙生植物在这片广阔的沙漠上投下长长的影子。虽然空中依然留有夜间的寒气，但那暖色的晨光似乎宣告着酷热的一天已经开始。

拍摄地点：安扎波里格沙漠公园，美国加利福尼亚州。
拍摄数据：尼康 F3 相机，18-35 毫米变焦镜头，光圈 f/22，速度 1/4 秒。

光线与色彩饱和度

身心完全投入到那如画的大自然之中时，你常常会发现除了雄伟壮观的宏观场面，美妙的小景也充满了意趣。夕阳下，纤细的小草投下动人的长影；岩石间一小潭清水却映现着崇山峻岭的悬崖和碧空如洗的蓝天。无论是以小视微，还是从小见大，拍摄小区域的景色与宏阔的大场景有着不同之处。其最突出的区别之一是小景中近距内的物体往往占据着画面的大部。这就要求主体要有最高的清晰度和足够的色彩饱和度。

具备了基本技术和知识的摄影爱好者都知道如何获得清晰的画面。只要使用稳定的三脚架，精确地调焦，合理地选择光圈和曝光时间就能做到。那么什么是色彩饱和度？物理学将色彩饱和度解释为相对于亮度的色彩的鲜艳度，而美术中的调色技术将色彩饱和度定义为色彩的纯度。若从光学效应出发，色彩的纯度又意味着什么？拿着一块红色纸板，在阴天时是正红，在晴天正午的烈光下是浅红，到了黄昏它又变成了暗红。这块纸板没有变，因此可以认为其色彩的"纯度"保持恒定，只是光线的强度有着很大的改变。因此，光强显著地影响着人的眼睛对色彩的识别。

摄影艺术对色彩饱和度尚未作出精确的定义。然而，若将上述情形转换成摄影语言，无论色彩饱和度是指色彩的纯度还是鲜艳度，色彩在感光材料上的映现是与颜色的曝光量密切相关的。一种色彩的最佳饱和度是它的曝光量与鲜艳度的平衡。超过特定的曝光量会冲淡其鲜艳度，而低于某种曝光量亦会使其黯然失色。比如黄色在最佳饱和度时曝光量低于标准曝光值，而红色的最佳饱和度的曝光量高于标准值。准确地把握色彩的饱和度是风光摄影的重要技巧之一。

　　风光摄影中常使用偏振镜来减弱或消除物体表面对光的散射。在拍摄反射度较强的表面，如水和许多植物的叶子时，使用偏振镜可以降低表面反光，增加色彩饱和度。但不是任何情况下都应消除表面反光，是否应削减表面反光要根据画面的构成和艺术效果来决定。

　　这两幅作品的画面很清楚地展现出偏振镜的效果。在黄龙国家地质公园拍摄时，面对着岩石上明亮的小水潭，习惯性地在镜头前加了偏振镜。将偏振镜稍加旋转便消除了水面的反光，同时也大大地提高了岩石的色彩饱和度。但当我再次观察这处景观时，发现小水潭的反光和小松树的倒影给画面带来许多情趣。我便再次旋转偏振镜，水面的反光和小松树的倒影又在取景器中重现。值得注意的是由于不同的偏振度对光的散射度有不同程度的削减作用，因此这两幅画面中岩石表面产生了不同的色彩变化。但对比之下，我更加喜欢带有水面反光和小树倒影的画面，它不仅巧妙地映现出背景，同时增加了画面的层次和意趣。

拍摄地点：黄龙国家地质公园，中国四川。
拍摄数据：尼康 N90 相机，35-70 毫米变焦镜头加偏振镜，光圈 f/22，速度 1/4 秒。

技术技巧链接：

　　经光滑的非金属表面反射后的光波会与该表面成一定的角度来传播，因此来自背景的反射物像（如水面上的倒影和叶子表面反射的天空等）往往会很大程度地掩盖物体表面的真实性。而偏振镜中分子或晶体结构的特殊排列使得只能沿着某个角度传出的光波得以通过，从而阻挡了绝大部分的反射光。这就是为什么偏振镜也有减光的效果。

　　隆冬的一场雪覆盖了马森农场生物保护区中的树木和荒草地，大自然要重新涂绘这块土地。我扛着三脚架，背着相机和镜头在积雪覆盖的草木间寻找着可拍摄的画面。这簇弯折的荒草和几束光线吸引了我的视线。光线不仅映现出画面的景深，还为这处小景增添了不少趣味。我以低于标准值设定曝光，以使映着蓝天的白雪能有足够的细节和色彩饱和度。

拍摄地点：马森农场生物保护区，美国北卡罗莱纳州。
拍摄数据：尼康 F3 相机，35-70 毫米变焦镜头，光圈 f/22，速度 1/60 秒。

利用明暗的对比创造层次

在以二维平面来表现立体空间时，光与影、明与暗是必备的要素。在摄影艺术中，用来表示物体间明暗反差的术语是光比。但是光比这个词的含义和使用较为广泛。它可以是指物体间明暗反差的比值，也可以指物体之间的明暗反差，甚至是指同一物体受光不同的相邻部分之间的明暗反差或比值。光比的大小决定着画面中景物的明暗反差。不同物体间的明暗反差不仅可以呈现出画面的立体空间感，还可以产生不同的影调和色调构成。另外，明暗反差还可以用来突出画面中主体的地位，增强画面的感染力。

明暗反差的存在打破了阳光普照的均衡状态，由此使得景物的光照条件产生分化。自然界中能够见到明暗反差的机会繁多，不胜枚举。比如光被高山或森林遮挡时所产生的阴影，或由于反光度差别极大的景物间而产生的明暗差别，或者同一物体受光面和背光面间的明暗反差。画面中的明亮部分多是用来强调主体，往往也是画面的核心。阴影常常具有烘托主题的作用，其重要性不可低估。阴影不但可以加强画面的层次感，往往还可以有效地映现出物体的轮廓，提供构图的骨干，增强画面的力度和稳定度，对画面有很强的支撑作用。

物理学对光的度量极为精细，摄影者在使用光学术语时要格外小心。比如光的强度、照度和亮度都是完全不同的光学概念，并且其度量单位也各不相同。概括地讲，对照射到物体的光有两种度量方式：一是用照到物体表面的总光量来测量，这样测到的是入射光的光强，称为明度；二是测量物体的反射光的光强，称为亮度。对风光摄影来讲，无论是测量入射光还是反射光的强度，最终都要将之转换成对曝光值的设定，也就是要确定使用多大的光圈和多长的曝光时间。对明暗相间的景物，摄影者必须知道画面中最明亮处与最阴暗处之间的光比反差。
但在多数情况下，要对明亮处的光强给予优先考虑，也就是要
保证明亮处的恰当曝光，而对阴暗处可以留有一定的可塑性。
因为只有保障明亮处景物的成像质量，阴暗的部分才有存在的
价值。

夕阳给这片水草涂上了金黄色，远处广阔的马特莫斯吉湖上映
照着碧蓝的天空。来自侧面树林的阴影将前景与背景隔离开来，提
高了画面的层次感。

拍摄地点：马特莫斯吉湖，美国北卡罗莱纳州。
拍摄数据：尼康 F3 相机，35-70 毫米变焦镜头，光圈 f/22，速度 1/15 秒。

　　夕阳下如镜的水面映衬出一簇簇水草的轮廓。水草的
剪影与夕阳照耀的水面形成明暗相间的画面。在这幅画面
中，明与暗的对比是在同一光照条件下，由物体不同的反
光度所产生出的鲜明的反差。

拍摄地点：英形岛国家野生动物自然保护区，美国北卡罗莱纳州。
拍摄数据：尼康 N90 相机，35-70 毫米变焦镜头，光圈 f/16，速度
1/30 秒。

　　柔和的夕阳将余晖洒在这片满载秋色的山坡上。色彩绚丽的红枫、黄桦和常青的杜鹃、云杉等树木此起彼伏地装点着大烟山。这是大自然的舞台，也是千草百木争芳夺艳之时。

　　在这幅画面中，明亮而又层次丰富的背景山坡与背荫中的前景山坡形成强烈的对比。光照的分化不仅带来层次感，前景的阴影还增强了画面的反差。

拍摄地点：大烟山国家公园，美国北卡罗莱纳州境内。
拍摄数据：尼康F3相机，35-70毫米变焦镜头，光圈 f/22，速度 1/30 秒。

　　大自然爱好者无不梦想着来到这世界最高峰前亲眼目睹其雄伟的身姿。这天早晨我见到了日出时的珠穆朗玛峰。朝阳从一侧照亮了积雪覆盖的山坡，这时一朵"旗云"刚好飘到峰顶。"旗云"的形态显示着峰顶上狂风怒吼、冰雪呼啸，而此刻山脚下却是寂静无声。

　　日出的时刻，面对西藏的珠峰是处在背阴面，但朝阳可以从侧面照亮珠峰以下的几个山头，从而将它们与珠峰分离开来。山头上背阴面与向阳面的交汇映现出山脊，而延伸的山脊又为画面增添了纵深感。

拍摄地点：珠穆朗玛峰，中国西藏。
拍摄数据：尼康 N90 相机，70-300 毫米变焦镜头，光圈 f/22，速度 1/15 秒。

初升的太阳照亮了空中的薄云和晨雾，这时一团浮云从岩坡的背面升起，在小枯树和山头间徐徐飘移。待浮云飘到树梢间的片刻，我按下了快门。

这幅画面中几乎所有的景物看似都处在均匀的光照条件下，但细看时却发现天空和云雾是在朝阳的直射中，而岩石、枯树和积雪是在背阴面。积雪的反光度比云雾高出1挡至1.5挡曝光值，因此掩盖了向阳面与背阴面之间的光比反差。

拍摄地点：拱形岩国家公园，美国犹他州。
拍摄数据：尼康F3相机，18-35毫米变焦镜头，光圈f/22，速度1/15秒。

画面中景物间的浑然一体

　　在所见到的许多摄影作品中，包括我自己的不少作品，常有一种典型的缎带式的构图：一条状的白云衔接着一条状的山峦，又是一条状的森林和一条状的流水等等。这样的画面是由条带拼接成的。既然是拼接成的，便可以拆开。在当今的数码时代，一些不惜大幅度改变图像的摄影者可以随意地将白云改为蓝天，将绿山换成雪峰，将森林换成冰川，将河流换成沙漠。之所以能这样做的原因之一，是由于画面中的这些组成部分并没有融为一体。

　　一幅优秀的风景摄影作品必须将不同的构图成分融合成浑然一体的画面，不但使得各个景物相呼应，并且紧密地相关联。构图成分的融合方法之一是通过光的某种效果，使迥然不同或反差很大的景物在空间位置、亮度、色调或色温等方面产生某种共性或关联，以相互容纳，使之能够和谐地共存于同一幅画面中，并且协同来表达同一个主题。自然光有着奇妙的物理特性，当照射到大地时，它或曲或直，或刚或柔，或浓或淡，或冷或暖，或粗或细，产生出奥妙无穷的视觉效果。摄影者必须走进大自然之中，时时去目睹大自然的杰作。

　　在飘移的密云下，仙娜朵山谷间笼罩着一层神秘的雾气。我将相机架好，等待着时机。阳光透过云缝洒到山谷，突然间密云打开了一道缺口。光线透过云缝和这道缺口，与山谷间的小湖连成一体，此场景令我想起"女娲补天"的典故。

　　在这个实例中，透过云层的一道道光线将密云、山谷、小湖和群山勾连成贯通一体的画面，使云层、群山和山谷有了"千丝万缕"的联系。

拍摄地点：仙娜朵国家公园，美国弗吉尼亚州。
拍摄数据：尼康 N90 相机，35-70 毫米变焦镜头，光圈 f/22，速度 1/15 秒。

深冬之际，溪水静静流淌，水面上映着明媚的夕照，岸边乱石堆垒。这是一幅以水面反光映照而成的画面。我在画面中保持了夕阳映照的部分树木，同时纳入了大部反光的水面。

在这幅画面中，夕阳下的森林、山坡与阴暗中的溪流、乱石，本来有着较大的光比反差。我利用了日落前短暂的时间，此时蓝色的天空依然有着很强的亮度，在溪流上投下强烈的反光，从而使画面上下的景物在亮度和色调上趋于平衡，把光照条件截然不同的构图成分融为一体。

拍摄地点：卡娅侯格国家公园，美国俄亥俄州。
拍摄数据：尼康 F3 相机，20 毫米镜头，光圈 f/22，速度 1/2 秒。

　　黄昏中的约书亚树国家公园上空，烈日依然高悬在树梢，而夜幕已经逼近。在这座公园中，这是我最喜欢的一棵树。我曾多次在这棵树下拍摄过日出和日落。

　　画面中不同景物间的呼应，并不总是意味着在亮度和色调上必须等同，有时强烈的对比恰好满足了艺术表现的需要。在白昼与黑夜即将更替的时刻，树木、太阳和高空构成了一幅对比性很强的画面。将太阳和夜幕融合在同一幅画面中也是对胶片的曝光宽容度的一个极端测验。

拍摄地点：约书亚树国家公园，美国加利福尼亚州。
拍摄数据：尼康 N90 相机，18-35 毫米变焦镜头，光圈 f/22，速度 1/4 秒。

每次来到卡娅侯格国家公园，总要来看一看白兰地瀑布，领略其旧貌新颜。摄影者只有常年四季深入到大自然之中，才会发现其最绚烂的时刻。我在一年中的四季拍摄了白兰地瀑布。虽然每个季节中都会有其最美丽的时刻，但深秋的盛况相对来说更容易表现得恰到好处。

太阳升起前，柔和的晨光将流水和秋叶这两个有着强烈反差的景物融为一体。在这个位置拍摄时，秋叶面向东面明亮的天空，瀑布和山谷处在阴影之中。但白色的流水比秋叶有着高出近乎两挡曝光值的反光度，从而使得整体画面在亮度上趋于和谐。

拍摄地点：卡娅侯格国家公园，美国俄亥俄州。
拍摄数据：尼康 F3，18-35 毫米镜头加偏振镜，光圈 f/22，速度 2 秒。

技术技巧链接：

在拍摄瀑布时，使用低速快门，也就是长时间的曝光，会显现出绵长的水流；而短时间的曝光会凝固流水的瞬间状态。当在强光下拍摄时，若使用最小光圈依然达不到所需的曝光时间时，可使用减光镜。

黎明时分，即将从海平面上升起的太阳映红了天边的一道彩霞。布满细纹的海滩上，一簇草给画面带来了空间感。空中的乌云在沙滩上涂了一层墨色，使大海、沙滩和天空在色调上趋于平衡，达到了和谐的效果。

拍摄地点：哈特拉斯角，美国北卡罗莱纳州。
拍摄数据：尼康 F3 相机，35-70 毫米镜头，光圈 f/16，速度 1 秒。

减小光比反差
利于景物的写实

柔和的光线多发生在阴天或多云的天气，此时自然界的万物都在均匀的光照下，景物的光比反差较小。由于这时白云遮挡了蓝天，所以光线的色温也较为中和。这样的光线适合拍摄写实的自然景观，如花草、虫鸟的特写，以及大自然风光。这也是多数人在日常所见到的普通的自然景象。有人称它"真实"，有人说它"乏味"。然而这种光线是风光摄影中一种不可缺少的光照条件。摄影者亦需利用这种光与景物完美的组合。

虽然此时缺少在灿烂的光照下所产生的那种激动人心的视觉效果，但是拍摄的画面却有着均匀的照明度，景物的细节也可以达到最大程度的展现。所以许多写实以及微距摄影都是在柔和均匀的光线下进行。然而，对景物细节的刻画往往淡化了构图结构和物体的整体轮廓在画面中的视觉地位。比如当见到一张鲜花或果实的微距照片时，观者的主要注意力被花或果实的细微处所占据，并不太关注画面的结构组成，如曲线和物体的空间排列等。再如当观者见到一片盛秋中的森林时，其视觉注意力在很大程度上会被绚烂的秋色所吸引，并不能深切领会树枝和树干如何分布以及对景物的"支撑"作用。

　　春天里的大烟山生机盎然，涓涓细流随处可见。岩石上、草木间依然覆盖着往年的落叶，而新生的绿意已充满山间。我在这处小溪旁架好相机，在镜头前加上偏振镜，主要是要削减水面的反光和延长曝光时间以展现出纤长的流水。均匀而柔和的光照大大地减轻了岩石间的阴影与白色溪流间的光比反差。

拍摄地点：大烟山国家公园，美国北卡罗莱纳州境内。
拍摄数据：尼康 N90 相机，35-70 毫米变焦镜头加偏振镜，光圈 f/22，速度 1/2 秒。

　　一场小雨过后，马森农场生物保护区中的一片野葡萄藤上挂满了晶莹透亮的水珠。盘根错节的藤条上结满了各种颜色的野葡萄。此刻空中依然飘洒着零星小雨。我快速地安装好器材，拍摄了这幅晶莹欲滴的特写。柔光有利于拍摄花草和果实的特写，因为这时景物中受光处与背光处之间的光比反差较小，光照均匀。

拍摄地点：马森农场生物保护区，美国北卡罗莱纳州。

拍摄数据：尼康 F3 相机，105 毫米微距镜头，光圈 f/11，速度 1/30 秒。

技术技巧链接：

　　什么时候才能在花草、树木间见到晶莹的水珠？答案是在雨刚刚停息的短时间内，因为雨水会不断地沿着枝叶向下滴落、流淌，因此拍摄时要抓紧时机。在不少杂志中刊登的一些风光摄影作品会出现用矿泉水喷洒出的"人造雨滴"的图片，它们看起来很不自然，显而易见，无法与大自然的手笔相媲美。

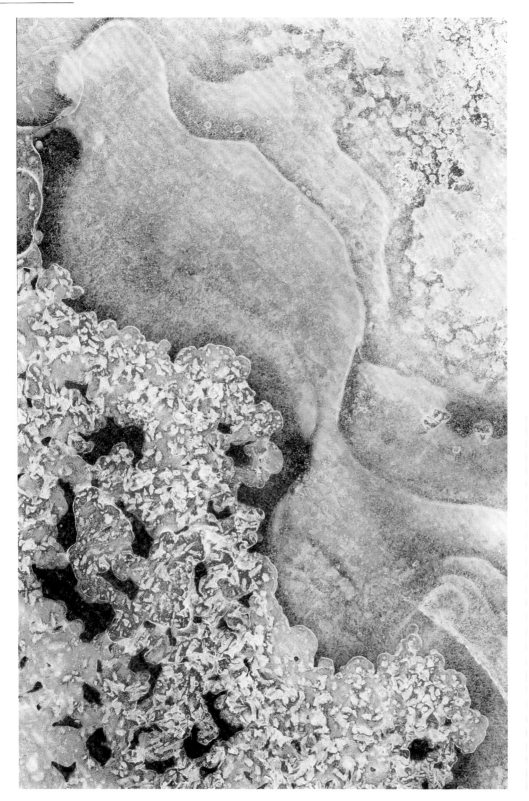

严冬的克利夫顿峡谷中冰封雪冻，峡谷幽深。虽然此刻高高的崖壁遮挡了朝阳，这处冰冻花纹凝固着流动的小迈阿密河水。但这是一幅以二维平面展现二维空间的画面。也可以认为其第三维空间是冰表面的质感，而第四维空间（即时间）则记录着河水流动的片刻。均匀的光照映现出冰花的每一处细节。

拍摄地点：克利夫顿峡谷，美国俄亥俄州。
拍摄数据：尼康 F3 相机，105 毫米微距镜头，光圈 f/22，速度 1 秒。

一个深秋的傍晚，我驾车行驶在蓝脊园路（Blue Ridge Parkway）上，突然见到这株挂满了小红果的花楸树在白色云雾覆盖的山坡前显得格外鲜艳。当时天空多云，夕阳已落到群山的背后。我快速地架好三脚架和相机，利用天空最后的亮光拍摄了这幅画面。

拍摄地点：毗斯迦国家森林公园，美国北卡罗莱纳州。

摄影地点：尼康 F3 相机，35-70 毫米变焦镜头，光圈 f/16，速度 2 秒。

　　刚刚从隆冬中苏醒的蓝脊山脉似乎在一夜间变得春意盎然，薄云和浓雾萦绕在山间，草木吐出鲜嫩的绿芽，恰如中国传统山水画中所描绘的仙境。我架好了相机，静观这云雾飘渺的画面。突然一股劲风席卷着迷雾迎面吹来，顿时我和相机被厚厚的云雾吞没，眼前是一片白色的帷帐。来时急去时快，浓雾疾驰而过，转眼间山坡和草木又重现眼前。

拍摄地点：蓝脊园路，美国北卡罗莱纳州。

拍摄数据：尼康 F3 相机，35-70 毫米变焦镜头，光圈 f/22，速度 1/30 秒。

在拍摄构图成分繁多的景观时，利用柔光可以保持画面的简洁，也使每个构图元素都能清晰地成像。在这幅画面中，干草和小树在均匀、柔和的光线下成像简洁，雪地上也没有碍眼的耀斑和凌乱的阴影。

拍摄地点：茅弥湾公园，美国俄亥俄州。

拍摄数据：尼康 F3 相机，35-70 毫米变焦镜头，光圈 f/22，速度 1 秒。

根据物体的特性
选择光线条件

　　缤纷的大千世界是以光来映现的，没有光的存在，宇宙间的万物都处理黑暗之中。单从风光摄影的物理和化学机理来讲，摄影者所拍摄的每一幅图片完全都是对光的记录。画面中景物的图像都是由自然光与客观实体间的相互作用所形成的光的产物。因此光对风光摄影者来讲，犹如画家笔下的墨汁和颜料。然而，光是有方向性的，光如何照射到景物会直接决定着映现出什么样的物象。同一处景物在不同的光线下，会有不同的景象。一般情况下，顺光宜于映现出景物的真实景象和色调，逆光多表现出物体的轮廓，侧光会突出物体表面的结构和质感。使用什么样的光要根据摄影者对景物的艺术表现的需要，是突出物体的轮廓，还是表现物体的细微结构或真实的色彩等等。

　　虽然风光摄影的图像都是光的产物，而这些图像的视觉内容却都是景物。不同物体对光的反应有着很大的不同。有的物体对光的反射度较强，如水面和白雪等；有的反射度较弱，如树干、土地等；有的物体对光的透射度较高，如清澈的水、薄薄的雾和宽大的树叶等。因此摄影者要根据不同物体的光学特性来有效地利用自然光进行艺术创作。

　　盛秋的蓝脊山处处是佳景，行驶在著名的蓝脊园路上犹如画中游。大自然以其最富丽的浓墨重彩给这群山涂上节日般的盛装。金秋是收获的季节，也是大自然放声高歌的时刻。

　　在这幅画面中，满山的秋色是由高角度的侧光来映现。为了显现出秋叶的真实色彩，应该使用中色调的阳光，也就是太阳在空中较高位置时的光线，或者阴天时的柔光。在拍摄秋景时，另外要考虑的因素是树叶表面的反光。许多树叶的表面都有着很高的反光度，这种强烈的反光遮盖了树叶的真实色彩。削减反光的办法是使用偏振镜。偏振镜是风光摄影必备的小配件之一。

拍摄地点：毗斯迦国家森林公园，美国北卡罗莱纳州。
摄影地点：尼康 F3 相机，35-70 毫米变焦镜头，光圈 f/22，速度 1/15 秒。

红枫树的叶子在盛秋时变得赤红，浓烈而灿烂。在这幅画面中，我以这几株红枫树作前景，同时包括了背景中布满秋色的山坡。除了背景与前景的明暗反差外，色彩的分布对衬托出画面的层次、强化景深也有较大的作用。

在这幅画面中，背景山坡上的秋色是由高位置的顺光来照亮，而前景中红色的枫叶主要是由来自背景山坡的反光和天空的逆光。逆光不但有效地显现出枫叶和树干的形态，还完好地映现出枫叶的质感和鲜艳的色彩。从整体的视觉效果来看，逆光给画面带来一种透视感，色彩的层次也强化了纵深感。

拍摄地点：大烟山国家公园，美国北卡罗莱纳州境内。
拍摄数据：尼康 F3 相机，35-70 毫米变焦镜头，光圈 f/16，速度 1/15 秒。

　　树形仙人掌是美国西南部沙漠的象征。树形仙人掌的树身可高达几米至十几米，寿命可长达 150 多年。在这夕阳映照的彩霞中，它们的身姿更显雄伟。在这无情的大沙漠中，它们是智者，虽然经受着无尽的风吹日晒，但最了解如何在这残酷的大自然中生存。它们昂首高歌，亦是这沙漠中的欢乐者。

　　夕阳通过云层底部的反射产生了明亮的背景，像是一面巨大的帷幕，色彩强烈，亮度较高。夕阳对彩霞是直射，而对树形仙人掌则是经过反射后的逆光。

拍摄地点：树形仙人掌国家公园，美国亚利桑那州。
拍摄数据：尼康 N90 相机，18-35 毫米变焦镜头，光圈 f/22，速度 2 秒。

　　秋日的早晨，灿烂而柔和的晨光照亮了连绵的山坡，迷雾徐徐地从山谷间升起，此刻的大烟山显得如此和谐、平静。这幅画面是一个以侧光照亮云雾的例子。在这样的光线条件下，云雾的透视感较弱，但质感较强。

拍摄地点：大烟山国家公园，美国北卡罗莱纳州。
拍摄数据：尼康 F3 相机，35-70 毫米变焦镜头，光圈 f/16-f/22，速度 1 秒。

金色的朝阳照亮了格伦峡谷中这片由沙质岩构成的悬崖。这些断层岩记录着数千万年来剧烈的地理变迁。这些沙质岩中埋葬海洋动物和陆生动植物，甚至是恐龙的化石。此刻绚丽的阳光照亮了这部天然的教科书。这幅画面是一个以低角度的侧面光照亮物体表面的例子，其视觉效果的特点是悬崖表面的结构得以突出的映现。

拍摄地点：格伦峡谷国家公园，美国亚利桑那州境内。
拍摄数据：尼康 F3 相机，70-300 毫米变焦镜头，光圈 f/22，速度 1/15 秒。

技术技巧链接：
侧光会在凹凸不平的物体表面投下阴影，因此多用来突出映现物体的表面结构，如悬崖、山石纵横或荒草遍野的场景，也用来表现物体表面的细微纹理或质感。

利用光线的色调
为景物带来新貌

风光摄影者对拍摄地点和时节有着不同的喜好。有的喜欢反复地对同一个地方故地重游，不断地领略其无穷的魅力，而有的则喜欢博览群胜，行摄于大江南北、雄山峻岭之间。有的对秋色充满了创作的激情，而有的对春光满怀遐想。无论你有着怎样的喜好，也总会对一些场所不加思索地擦肩而过。有时会突然在某个偶然的时刻，奇妙的光线可能会使某处朴实而简单的场所彻底地改头换面，给平淡的景物披上绚丽的色调。

摄影中所谈论的色调是指一幅画面中整体的色彩倾向和由此所产生的视觉效果。比如沐浴在金色夕阳中的森林与明亮的月光下披着淡蓝的银光闪闪的河流和草木，就有着截然不同的色调，前者温暖、欢快，而后者却有着孤冷、神秘的情调。根据色彩明暗度的不同，同一色调又有高低之分。一种色彩的亮度越高时，其色调也越高，反之亦然。高色调使人感到舒畅、明朗，低色调给人以沉重、忧愁的感觉。因此，色彩的明暗差别也可以创造出多样的色调变化。摄影者必须准确地把握色调才能给画面带来某种特殊的气氛。

　　冬末的傍晚，夕阳映照着插满了荷花梗的湖面。虽然曾多次从这个小湖边走过，但从未见到它像现在这样美丽。我将倒映着晚霞的一大片湖面作为前景，拍摄出这幅静谧的场景。

拍摄地点：奥塔瓦国家野生动物自然保护区，美国俄亥俄州。
拍摄数据：尼康 N90 相机，35-70 毫米变焦镜头，光圈 f/22，速度 1/15 秒。

东边早已升出地平线的太阳依然被挡在山坡的背后，高高矗立的树形仙人掌似乎在向悬挂在空中的圆月告别。在这"巨人"之下生长着的是刺木仙人掌，多刺的长枝上挂满了鲜红色的小花。晴朗的天空给这幅画面投上一层淡蓝的色调，使得这处旷野看起来似乎还笼罩在夜幕下。

拍摄地点：美洲树形仙人掌国家公园，美国亚利桑那州。

拍摄数据：尼康 F3 相机，70-300 毫米变焦镜头。第一次曝光：光圈 f/8，速度 1/60 秒；第二次曝光：光圈 f/22，速度 1/4 秒。

小迈阿密河畔垂落着两根枯枝，末梢冻结在河面上。冰面上映照着夕阳的余晖。这是一幅构图极为简单的画面：枯枝和冰面。然而迷人的光线赋予这幅画面一种怡然自得的视觉效果。

拍摄地点：约翰布莱恩公园，美国俄亥俄州。

拍摄数据：尼康 F3 相机，35-70 毫米变焦镜头，光圈 f/22，速度 1/8 秒。

　　深秋的黄昏，大烟山沉浸在浓雾缭绕之中，晚霞的色彩透过迷雾渲染着山坡。这幅画面是一个以透射光照亮云雾的实例。在这种光线条件下，云雾本身会有较强的亮度和色调，而且云雾背面的景物常常会依稀可见。

拍摄地点：大烟山国家公园，美国田纳西州。
拍摄数据：尼康 F3 相机，35-70 毫米变焦镜头，光圈 f/22，速度 1/15 秒。

逆光体现物体的轮廓和透视

有人说，与黑白画面相比，彩色画面中色彩的存在减弱了构图结构和景物形态的视觉地位。在很多情况下，这个观点是有一定道理的。因为人的眼睛和大脑对视觉信息的收纳、分析和加工是有限的，一部分信息很容易被另一部分信息所掩盖。因此要想突出某种视觉信息，必须简化或取消另一些信息。对彩色风光摄影来说，若以减小色彩的视觉干扰来突出画面结构，采用逆光来拍摄是一种很有效的艺术手段。逆光是当主流光线从物体的背面或对着镜头映照时的光线条件。在风光摄影中，逆光可以是当太阳光线处于物体的背面、或是面对镜头时形成的，也可以是在同等光照条件下通过物体背面较强的反光而产生的。总之，逆光是指来自被摄主体背景的光线强度大于顺光的强度，而并不是说唯一的光源是来自背景方向。

从整体画面的视觉效果来看，逆光所产生的是一种透视的效果。逆光可以极大地增强画面的光比反差，由此来有效地突出构图的结构和物体的轮廓，如在明亮的背景下，树干和树枝、连绵的山脊等景物的形态都会显得格外醒目。但对于透明或半透明的物体，如瀑布、冰和树叶等，逆光却往往能够有效地增强其穿透感和亮度。毫无疑问，巧妙地运用逆光可以创造出动人的画面。

在大烟山的这处森林中，我选了这群形态各异的树干来作为构成画面的骨架，突出了画面的构图结构。明亮的晨光从背面照亮了秋叶，灿烂的秋色填补了树杈间的空白，使得这幅画面的色彩和构图结构都比较突出。

拍摄地点：大烟山国家公园，美国田纳西州。

拍摄数据：尼康 F3 相机，35-70 毫米变焦镜头，光圈 f/22，速度 1/8 秒。

　　下午的太阳依然高挂在空中，这群高大的池柏树下却显得幽暗阴森。利用水面的闪光和耀眼的天空来衬托出池柏树的轮廓。这是一幅典型的用逆光拍摄的作品，逆光可以增加画面的光比反差，映现出物体的形态。

拍摄地点：商人磨池自然保护区，北卡罗莱纳州。
拍摄数据：尼康 F3 相机，35-70 毫米变焦镜头，光圈 f/22，速度 1/15 秒。

盛夏的大烟山中，水流充沛，草木也格外繁茂。我背着沉重的摄影器材在崎岖的山路间步行了近九公里，才来到这个瀑布下。当见到这神奇般的落水，疲劳顿时消失得无影无踪。那薄薄的水帘形成了一顶透明的帷帐，阳光透过山顶的枝叶照亮了瀑布和山坳，此地显得更似神奇仙境。

自然界中，水有着奇妙的光学特性。当以顺光对着瀑布的正面拍摄时，长时间的曝光会使落水在画面中呈现白色，这是多数拍摄瀑布时的情形。而在拍摄这处瀑布时，我移到了瀑布的侧面，利用从山坳的一角透射的亮光来照亮落水，从而大大地增加了水的透明度，也使得落水有了丝绸般的质感。

拍摄地点：大烟山国家公园，美国田纳西州境内。

拍摄数据：尼康 F3 相机，18-35 毫米变焦镜头，f/22，1/2 秒。

技术技巧链接：

在极度潮湿或水花飞溅环境中拍摄时，如瀑布下、热带雨林中，要特别注意对器材的防护。市场上有为不同型号的相机和镜头制作的防水装置，对常年在水花飞溅条件下拍摄的摄影者非常有用。

　　严冬里的小迈阿密河面上漂浮着许多晶莹剔透的断冰。我在沿岸的积雪中蹒跚行进，时而跨到河中的冰面上拍摄由冰和流水交织而成的画面。此刻夕阳从悬崖顶上照亮了河面上闪亮的冰块和湍急的流水。这处小景并不是处在逆光下的情形，耀眼的冰面却显示出奇特的透明感。这是由于冰层下的水面对光的反射所产生的视觉效果。

拍摄地点：克利夫顿峡谷自然保护区，美国俄亥俄州。
拍摄数据：尼康 F3 相机，35-70 毫米变焦镜头，光圈 f/22，速度 1/30 秒。

清晨的太阳高悬，远处的山坡在大雾弥漫中时隐时现。柔和的晨光透过迷雾照亮了漫山遍野的林木。待远处的山坡隐约可见时，我按下了快门。

拍摄地点：大烟山国家公园，美国北卡罗莱纳州。
拍摄数据：尼康 F3 相机，35-70 毫米变焦镜头，光圈 f/22，速度 1/15 秒。

在弱光下拍摄时，要利用曝光补偿来纠正倒易律失效

黎明或黄昏时分，太阳刚刚在地平线以下，此时光线条件的特点是明亮的天空和幽暗的大地。大地上没有直射的阳光，微弱的亮光是来自天空的反光，但很多情况下，此时的大地并不像人们想象的那样黑暗。尤其是在顺光或侧光的方向拍摄时，天空的反光往往能出乎意料地照亮大面积的景物。在逆光下拍摄时，要充分利用水面、积雪、沙滩等反光度较高的场景来作前景，以降低与天空的光比反差，还可以使用灰渐变镜来调节景物间的光比反差。有时在无需调节强烈的光比反差的情况下，也可以突出地表现出傍晚时分灿烂的光芒。

在傍晚的弱光下拍摄时，由于光线皆来自天空的反光，所以景物的色调会极大地受到天空的影响。尤其是在黎明时分，曝光量不宜过高，否则虽然景物细节增加了，但是天空的蓝色调会笼罩在整体画面上，使得画面的色调极度偏冷。这样的画面也常常与大自然的真实面貌偏离过大。

在弱光下拍摄时还会经常出现倒易律失效的现象。所谓倒易律是指在感光材料上达到某种感光度时所需要的曝光时间与光线强度之间的反比关系。也就是说，要达到一个特定的曝光量，使用的光线强度越大，所需的曝光时间就越短，反之亦然。而对每种感光材料来讲，其感光的倒易律是有一定的适用范围的。当曝光时间超过一至数秒或短于一毫秒时，感光度、曝光时间和光强之间的关系产生变化，这就是倒易律失效的现象。那么导致倒易律失效的原因是什么？在低照度下，胶片中的感光晶体（如溴化银）对光的敏感度大大降低，这是由于每个晶体颗粒必须吸收足够数目的光子才能产生光化学反应并形成潜

影。每个感光晶体在弱光下受到光子的撞击频率很低，尤法形成稳定的潜影中心，因此也就不能显影。必须指出的是，每一种胶片及其他感光材料都有着不同的倒易律的适用范围，并且要纠正倒易律失效所需的曝光量也不尽相同。摄影者必须知道自己使用的感光材料的倒易律适用范围，并且对倒易律失效摸索出自己满意的纠正度。

　　一个初春的黎明，在乌云密布的天空下，浓厚的迷雾如惊涛骇浪般在山谷间奔涌，似乎给幽暗的山谷带来了光明。当这一大片浓雾的边缘刚刚溢出山顶的片刻，我按下了快门。

拍摄地点：大烟山国家公园，美国北卡罗莱纳州。
拍摄数据：尼康N90相机，35-70毫米变焦镜头，光圈f/16，速度1/2秒。

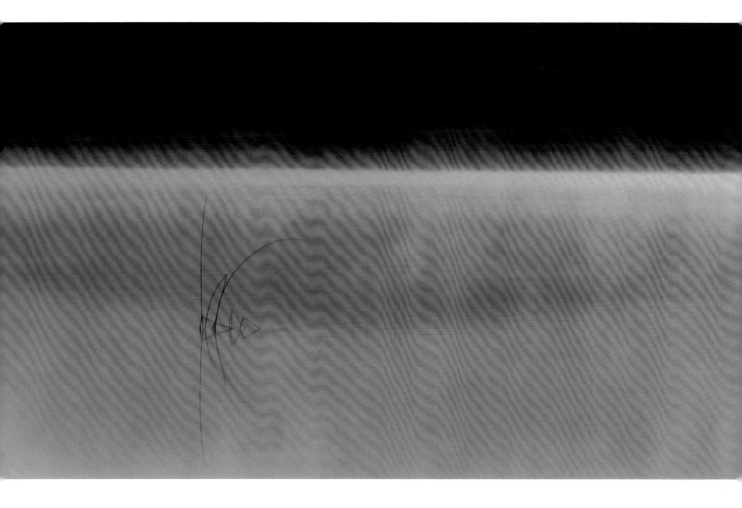

迷雾缭绕的湖面上，一簇长草安然矗立，我旋转着镜头，让笼罩着雾气腾腾的湖面占据大部分前景来提高画面的亮度。又利用湖中静静的水草来衬托出飘动的晨雾。

拍摄地点：坝上，中国内蒙古。
拍摄数据：尼康 F3 相机，80-400 毫米变焦镜头，光圈 f/22，速度1/4 秒。

　　黎明时分的卡拉库里湖畔波光辉映，景色迷人。东方的山顶上晨光舞动，绚烂夺目。随着从山背渐渐升起的太阳，我拍摄了数张照片，唯一感觉晨光照亮山顶时的这幅画面最为理想。

拍摄地点：卡拉库里湖，中国新疆。
拍摄数据：尼康 N90 相机，70-300 毫米变焦镜头，光圈 f/22，速度 1/2 秒。

莫哈韦印第安人保留地中的这处峡谷沟壑纵横、乱石林立。太阳刚刚落下地平线，而西部天空中耀眼的余辉依然能够照亮广阔的峡谷地，并且将远处的一片悬崖映得火红。

拍摄地点：朱砂悬崖，美国犹他州。

拍摄数据：尼康 F3 相机，18-35 毫米变焦镜头，光圈 f/22，速度 1/2 秒。

晨曦的朦胧之光映照着积雪覆盖的布莱斯峡谷和这片树木繁茂的山坡。山坡上积雪的反光给过暗的画面带来了细节。在深蓝色天空笼罩的黎明拂晓时,不宜将地面上的景物进行长时间曝光,因为天空的蓝色调对画面会产生较大的影响。

拍摄地点:布莱斯峡谷国家公园,美国犹他州。

拍摄数据:尼康 N90 相机,18-35 毫米变焦镜头,光圈 f/22,速度 1/2 秒。

抓住瞬间的光线与景物
完美结合

　　置身于大自然之中的风光摄影者偶尔会见到一些转瞬即逝的光线。比如一道彩光透过云雾照到山间或森林中，雨后横跨天空的彩虹，暴风雨前的雷电，甚至烈日被树干遮挡的片刻等等。这些都是偶然的光线条件，必须是在现场拍摄的状态中，才能捕捉到这些短暂的精彩的瞬间。也许某些瞬间的光线条件未必是那样罕见，然而要与景物完美的组合就未必那么容易。当遇到这种光时，必须行动迅速，紧密地跟随景致的变化，快速地选择拍摄地点、确定曝光。在拍摄这类"来时急，去时快"的场面时，你会真正体验到使用 135 型相机的优势。它的简便、易用和灵活度是其他相机所无法比拟的。在这变化莫测的光线条件下，若使用大画幅相机来拍摄，很有可能会手忙脚乱，而当一切准备就绪后，却早已错过了最理想的拍摄时机。

　　微风吹拂着明亮的水面，池柏树（又名落羽杉）安然地矗立着。突然一束橘红色的夕阳光线透过薄雾和树枝照射到开阔的湖面中心，顿时间映红了水面和周围的树干。这个画面是由瞬间的反射光产生的奇妙的映照效果。

拍摄地点：商人磨池自然保护区，美国北卡罗莱纳州。
拍摄数据：尼康 N90 相机，35-70 毫米变焦镜头，光圈 f/22，速度 1/4 秒。

　　经过了一整天无情的曝晒，酷日终于西斜到远处的山头上。我在树形仙人掌国家公园中，花了大半天时间寻找拍摄日落的最佳场景，终于发现这处让我满意的树形仙人掌与刺木仙人掌的混生地带。虽然知道在拍摄日落夕照的场景时，要特别小心强光对画面的干扰，然而很多情况下，往往还是无法避免。于是随着太阳西落的景象，我连续拍了20多张照片，只有两张勉强躲过了耀斑的魔爪。

拍摄地点：树形仙人掌国家公园，美国亚利桑那州。
拍摄数据：尼康F3相机，70-300毫米变焦镜头，光圈f/22，速度1/15秒。

这天清晨，碧蓝的天空中，白云缓缓地飘移，约瑟米蒂国家公园的默斯河畔青松林立，生机勃勃。我在树下对着天空架好了相机，旋转着镜头前的偏振光镜，以增加蓝天与白云的对比度。当强烈的阳光移到一根树干的背后时，恰好那朵较大的白云也刚刚离开了松林的上空。此时，我果断地按下了快门。

拍摄地点：约瑟米蒂国家公园，美国加利福尼亚州。

拍摄数据：尼康 F3 相机，18-35 毫米变焦镜头加偏振光镜，光圈 f/22，速度 1/15 秒。

抓住雨后天晴的瞬间美景

　　雨水改变了空中的大气成份，加上萦绕在空中的密云，在光线作用下往往会产生非常壮观的场景。风光摄影者要抓住雨过天晴时短暂的特殊光线条件进行创作。然而，在雷电天气中拍摄的难度较大，要注意的事项也较多；雨后的空中还会有少量雨滴落下，应为相机和镜头装上适当的防水装置。当然最首要的是要特别当心摄影者自身的安全，雷电有可能会随时、随地发生。

　　这天下午，阿拉斯加山脉间寒风凛冽，雨雪交加。傍晚时分雨雪停息，夕阳驱散了乌云，在西面的山头间露出明亮的天空，而头顶上如墨的乌云依然笼罩在湖面。待天空露出大半，透进夕阳的余晖时，我按下了快门。

拍摄地点：阿拉斯加山脉，美国阿拉斯加州。
拍摄数据：尼康 F3 相机，18-35 毫米变焦镜头，光圈 f/16，速度 1/4 秒。

利用星空和月光有着多种的拍摄可能性

　　大自然的长夜是另一个奇妙的风光世界。利用月光、星光和夜空的微光依然可以拍摄出一番别具一格的景致。拍摄夜景独特的优势在于：第一，夜间掩盖了许多摄影者不想纳入画面中的物体，使夜景的画面简洁；第二，夜间的光线条件比白天时要简单得多，因此对拍摄夜景的曝光设置也较简单；第三，很多情况下夜间风力比白天小，花草、树木较为安稳；第四，可加入人工光源，以有选择地照亮景物。然而风光摄影多需使用低感光度的感光材料，当用来拍摄夜景时也会有不小的难度。许多夜间拍摄的曝光时间要长达几十分钟甚至数个小时。对不少摄影爱好者来讲，这样的等待有些艰难。长时间的曝光也需要使用稳定度极好的三脚架和云台，并且要将每个关节和旋钮拧紧，将相机固定好才能保证画面的清晰。另外，黑夜中调焦和构图都比较困难，更需要耐心。

　　当掌握了夜间的景色特点和简单的拍摄技巧后，许多摄影爱好者会发现拍摄夜景充满了乐趣。夜幕笼罩下的大自然中依然有着许多拍摄的可能性，甚至比在白天拍摄更加轻松、愉快。夜景画面的亮度主要取决于月相和夜空的晴朗程度，以及景物的布局。晴朗的夜空，加上圆月和前景中众多的反光物体，经长时间曝光后会产生近乎于白天景色画面的亮度。虽然细细的月牙加上空荡的旷野很难拍摄出明亮的画面，但是依然可以拍摄出夜空中繁星运行过的弧线。

　　在去往珠峰大本营的路上，随行的摄影队在拉孜歇息。拂晓前的夜空格外晴朗，月亮也尤其清晰明亮，我沿着小路来到一片青稞地。此时的微光稍稍映出深蓝色的大空，恰好构成一幅美丽的景象。为了保留住月亮的细节，同时提高天空的亮度，采用了二次曝光。

拍摄地点：拉孜，中国西藏。
拍摄数据：尼康 N90 相机，70-300 毫米变焦镜头。第一次曝光：光圈 f/8，速度 1/60 秒；第二次曝光：光圈 f/16，速度 6 秒。

　　一个深秋的夜晚，天空格外清朗，我在一群长针松下扎好帐篷，将相机牢牢地固定在三脚架上，对着繁星似锦的夜空打开了快门。当时我设想明亮的群星会在树杈间划出弧线，并且天空的微光会衬托出松树的轮廓。在调整相机的位置时，由于树林的遮挡，只能大概知道北极星的方位，无法确定是哪一颗。而当冲洗好照片后才看到北极星意外地从树杈间透露出来。

拍摄地点：商人磨池自然保护区，美国北卡罗莱纳州。
拍摄数据：尼康 F3 相机，18-35 毫米变焦镜头，光圈 f/4，速度 4 小时 30 分钟。

　　晴空中的明月将这簇约书亚树照得清清楚楚，树干在砂地上投下长长的影子。这个在白天里极为平淡的场所，此刻在繁星点缀的夜空下别具风采。在拍摄这幅画面时，利用月光照亮了大部分前景，而我只用头灯在岩石和树干的背阴处短促地闪了几下。

拍摄地点：约书亚树国家公园，美国加利福尼亚州。

拍摄数据：尼康 N90 相机，18-35 毫米变焦镜头，光圈 f/4，速度 30 秒。

　　一眼望去，这幅画面呈现的似乎是烈日下林立的怪石，而难以辨认出这是在深夜里拍摄的布莱斯峡谷中的一个角落。在一个寒冬的夜晚，我来到这个峡谷的深处，空中明月当头，繁星闪烁。我将相机设置好后，打开了快门，不加任何辅助光源。碎石不时地从陡坡上、岩石间滚下，山谷间顿时回荡起轰隆怪声。那漫长的45分钟的曝光时间，大概是我人生中最漫长的一次等待。

　　这幅图所显示的惊奇的视觉效果是因为画面中缺乏人的肉眼在夜间所常见到的那种银白的冷色调。其中，原因之一是来自岩石的暖色反光掩盖了夜色，而更重要的原因则是人的肉眼在微光下对色调和色温的识别有很大的偏差。肉眼在夜间所见到的银白的月光，在胶片呈现出来并不那么冷。本书的另一部分已经介绍过，月光的色温是4100K，比多云的白天暖得多。

拍摄地点：布莱斯峡谷，美国犹他州。
拍摄数据：尼康F3相机，18-35毫米变焦镜头，光圈f/4，速度45分钟。

　　午夜时分，空中明月高挂。极地盛夏的日照长达 24 小时，落日在起伏的巅峰间时隐时现，阿拉斯加的深夜更像是朦胧的黄昏。这天下午我从宿营地出发，经过几十公里的艰苦跋涉，来到这处开阔的旷野，在此可以饱览雄伟的阿拉斯加山脉。我的野外实践证明使用 135 型相机也可以拍摄宽幅的景观。这幅画面是从 24×36 毫米底片的高密度扫描版上剪裁下来的。当然剪裁的底版面积较小，放大倍数有限。对于不使用宽幅相机的摄影爱好者来讲，在没有携带多余的摄影器材的情况下，依然可以得到拍摄宽幅景观的机会。

拍摄地点：德纳里国家公园，美国阿拉斯加州。
拍摄数据：尼康 F3 相机，20 毫米镜头，光圈 f/16，速度 1/30 秒。

利用迷雾来分散锐光，创造出神秘的气氛

照射到地球表面的自然光线都来自太阳。相对于人类进化和发展的历史，太阳东升西落的周期是永恒的，而人类所见到的阳光也是变化万千，永不泯灭的。阳光不仅是地球上一切能量的源头，它还孕育了人类文明的发展，因此可以说阳光带来了生命和生命活动所需要的一切。发自太阳表面的光线要经过1.5亿公里的宇宙空间才能到达地球。而要照射到大地，它还须穿越地球表面的大气层。阳光不仅创造了气候，塑造着地貌，还与大地的万物相互作用产生了光怪陆离的视觉万象。

大地上最丰富的物质之一是水。水是一种奇妙无比的物质，它以液态、气态和固态存在于大地和大气层。水的每一种状态都富于动感，缥缈的云雾、涓涓的流水，即使是冰川也在缓慢地迁移。云雾是由水蒸气在空中冷却后凝结成的细微的悬浮水滴组成。高空的白云中还含有冰晶成分。风光摄影中最常见的景物之一——云雾，也是天空和大地间最富于动态的物质之一。我在大烟山拍摄了许多年的风景，大烟山可算是云雾的圣地。云雾对风光摄影的作用非同小可，它可以调节光比反差，柔化光线，美化景物，还可以创造出特殊的气氛。由于云雾变化多端，也使得一幅风景画面很难在现场得以完全的复制。这就意味着摄影者在同一时刻拍摄的同一片云雾在构图上都会有所不同，因此每一张照片都是独一无二的。无论在哪里，我望着那时而徐徐飘拂，时而汹涌疾进的云雾，更像是观看一位神奇的绘画大师挥笔洒墨，在辽远的立体空间中激昂作画。而对每一个风光摄影者来说，这便是一种超然的时刻。

这幅画面拍摄于多年前一个秋天的早上。当时河面上晨雾弥漫，我架好相机等待着晨光的到来。突然间太阳从山坡上升起，阳光透过浓雾照亮了河面，我在这一瞬间按下了快门。在过去的这几年中，由于大烟山地区的水位持续下降，如今那条河中心的小石滩已变成了小岛，上面长满了蒿草。

在拍摄这幅景观时，我利用升起的朝阳来照亮萦绕在河面上和树木间的迷雾，从而渲染出一种神秘而又宁静的气氛。当光与雾融汇得恰到好处时，会相辅相成，效果倍加。相反地，暗淡的雾气往往缺乏迷人的气氛，其视觉效果与在镜头上挂满了晨霜时拍出的画面没有什么差别。

拍摄地点：奥克纳鲁提河，大烟山国家公园，美国北卡罗莱纳州。
拍摄数据：尼康 N90 相机，35-70 毫米变焦镜头，f/16，1/15 秒。

　　金秋的一天，大烟山萦绕在浓重的云雾之中，秋色覆盖的山坡时隐时现，犹如仙境 。阳光时而照到山坡上，瞬间又被云雾遮盖。我将三脚架和相机安放在山坡的一处，静待着画面的展开，在同一个地点便可以拍摄到多种不同的构图。

拍摄地点：大烟山国家公园，美国北卡罗莱纳州。
拍摄数据：尼康 N90 相机，35-70 毫米变焦镜头，光圈 f/22，速度 1/15 秒。

　　黄昏时分，一群雪鹅憩息在迷雾缭绕的湖面上，深处的芦苇丛时隐时现，恰似梦境场景。这是隆冬里的哈特拉斯角，也是候鸟来此聚会的时节。拍了数张，唯有这幅作品，群鸟显出理想的姿势。

拍摄地点：英形岛国家野生动物自然保护区，美国北卡罗莱纳州。
拍摄数据：尼康 F3 相机，70-210 毫米变焦镜头，光圈 f/22，速度 1/8 秒。

坝上草原正逢初冬的第一场暴风雪。拍摄这幅场景时，我将苍茫的天空占据了画面的 2/3，以充分展现辽阔的天空和旷野。在多年的野外摄影中，尝试采用 2/3 的空白空间来构图并不多，这是其中的一次。

拍摄地点：坝上，中国内蒙古。
拍摄数据：尼康 F3 相机，80-400 毫米变焦镜头，光圈 f/22，速度 1/8 秒。

利用多种光线的重合
带来异彩

　　在千变万化的大自然中，摄影者会见到两层或数层色温和色调不同的光线重叠在同一片景致中的情况，这也增加了画面中光线条件的复杂性。应该指出的是，大自然中时刻都有着来自各方的复杂光线，而在多数情况下总是有一种光线占主导地位，从而掩盖了其他的次要光线。当两种或两种以上的光线趋于均衡时，其复合的效果也会显而易见。这种光线的复合情况与印染中的套色工艺有着相似性。在彩色印染中，不同的颜色是要根据其透明度和遮盖力按序上印，以重叠的方式印成花样。然而在自然景象中，所有的色光是同时映现成像。色彩的综合效果取决于物体的反光度、透光度和吸光度等物理效应的累加。重合光线的出现往往是大自然展现其最绚烂的光彩之时，摄影者不要放过这样的良机。

　　初升的太阳照亮了莫哈韦印第安人保留地中的这片山坡和旷野，也映红了空中的彩云。这幅画面展现出朝霞与蓝天的晨光相重合的效果。拍摄时在镜头前加了偏振镜，既加深了天空，同时也增加了彩云的色彩饱和度以及层次。

拍摄地点：莫哈韦印第安人保留地，美国犹他州。
拍摄数据：尼康 F3 相机，18-35 毫米变焦镜头加偏振镜，光圈 f/22，速度 1/8 秒。

　　傍晚时分，浮云笼罩在圆顶礁国家公园中这片开阔地的上空。此刻空中有两层浮云，低云层几乎要触及山头，而高层是映着霞光的彩云。在蓝天、背景中，两个云层的重叠增添了画面的层次感。

拍摄地点：圆顶礁国家公园，美国犹他州。
拍摄数据：尼康 N90 相机，18-35 毫米变焦镜头，光圈 f/22，速度 1/2 秒。

　　黄昏时分，克利夫顿峡谷中的小迈阿密河面上漂满了断冰和残雪。河面上映照着金色夕阳的余晖，使身处这阴冷的峡谷中我感到了一丝温暖。虽然拍摄过许多冰雪的画面，但我依然愿意不断地去挖掘它奇特的美。

　　这幅画面展现出另一种重合光的复合效果。此刻有两种光占主流，一是夕阳的金色光，二是来自天空带有蓝色调的散射光。既然浮冰和流水是在同一个平面上，这时的光线应是同等地照射到这两种物体上，那么为什么它们的色调竟是如此不同？水面映着夕阳的余辉，而浮冰却散发着蓝色的冷意。流水和浮冰不过是水的两种物理状态而已。水是一种奇妙的物质，它在流动状态和固态时对光线有着不同的透明度、反射度和吸收度。这是大自然的又一幅巧妙的套色杰作。

拍摄地点：克利夫顿峡谷自然保护区，美国俄亥俄州。
拍摄数据：尼康 F3 相机，35-70 毫米变焦镜头，光圈 f/22，速度 1/8 秒。

景物与想象空间的结合
产生意境

　　什么是意境？意境的美学定义是指艺术作品中的一种情景交融、虚实共存，又富于韵味的诗意空间。对于许多不熟悉美学的人来讲，这个定义太抽象，它不但没有讲清楚，反而增添了更多的疑问。然而，意境与每一个人并不是素不相识。若从结构特征上来看，意境是虚实共生的产物。它是由两部分构成：一部分是存在于自然界的看得见、摸得着的实体，即"实境"，如高山、森林、流水等等；一部分是意旨在实体之外的幻境，或"虚境"，如一幅画面使观者在心灵深处产生的一种感触和深思。因此意境是来自客观存在的实体，又在观者的内心世界得以升华而成的另一个感情和想象的空间。"实境"和"虚境"是并存的，也是不可分割的。

　　在风光摄影中，意境的产生和捕捉是一个较为难以捉摸的创作环节，它也是决定一幅作品是艺术品还是普通照片的重要标准之一。那么，如何才能使自己的作品具有一种想象中的意境？应该说，无章可循。这也是艺术创作最终奥妙之所在。必须指出的是，初学者可以偶然地创造出艺术，而资深摄影师未必时时都能创造艺术。从我个人的创作实践表明，意境的产生依赖于画面中的每一个组成部分的有机融合，以及整体画面的协调。这也是在本书中反复强调的要点。意境是在景物实体的完美组合中，在恰好的光线的激发时，而产生的一种超然状态，它具有无限的想象空间。

隆冬的一场大雪过后，连续数日气温回升，森林中有融雪后形成的小水潭。这处小水潭恰好映照着近处的几棵树，形成了一幅"画中之画"。

这幅画面大概是对"意境"这个词的最形象的刻画：白雪、几根小树杈和稍远处的一段树干构成了实境，它们都是客观的实体；水中倒映着的几棵小树和天空意味着虚境，它将观者的思绪引向了无限的空间。难道说虚境总是颠倒的吗？不尽然。地球是圆形的，宇宙是无限的。从眼前看，天空是向上的，而从地球的另一端看这里，一切都是颠倒的。

拍摄地点：凯瑟琳湖自然保护区，美国俄亥俄州。

拍摄数据：尼康 N90 相机，35-70 毫米变焦镜头，光圈 f/22，速度 1/15 秒。

　　这两幅作品是以画面中部远处的那座山峰为参考点，并采用基本相似的曝光量，在日出的不同时刻拍摄的。虽然太阳的位置影响着整幅画面明暗，其更重要的作用是改变画面的光比反差，从而影响立体空间感。但当画面呈现出不同的空间感时，其表现的意境和画面的核心也随之改变。当晨光刚刚照亮山峰时，前景中的两尊大岩石只呈现出较暗的轮廓，突出了画面的神秘感和异域风情。此时画面意境的核心是远处那座金色的山峰，而两尊大岩石的轮廓只起到烘托的作用。当升起的太阳照亮峡谷时，画面呈现出前景中岩石的立体感，同时也与背景分离开来。因此画面的核心也就转移到前景中的这两尊大岩石上来了。

拍摄地点：格伦峡谷国家公园，美国亚利桑那州。

拍摄数据：尼康 F3 相机，18-35 毫米变焦镜头加偏振镜，光圈 f/22，速度 4 秒和 1/2 秒。

　　那天早晨拍摄了珠穆朗玛峰的日出后，创作团向拉孜方向进发。途经日喀则时见到了这处金山脚下的农牧人家，白色的帐篷在晨光映照着的山谷间显得格外鲜明。我们立刻停到路边，开始拍摄。

　　这幅画面中的意境产生于观者对景物的联想：牧人家一顶白色的帐篷，一道道金色的朝霞映照着层峦叠嶂的山峦，很自然地展现出牧人世代生息在这雪域高原的场景。

拍摄地点：日喀则，中国西藏。
拍摄数据：尼康 N90 相机，35-70 毫米变焦镜头，光圈 f/22，速度 1/15 秒。

洒满金色阳光的草原上，一群牧马正在专心地觅食。马群沿着小山坡缓缓地移动着，草地上留下它们长长的影子。我站在山头上望着这和谐的大自然，在微风的吹拂中，耳边似乎荡漾起了悠扬又深情的马头琴声。

悠闲的马群、秋色中的草原和树木已经是一幅非常和谐的场景，此刻在金色阳光的激发下，产生了幻境，这种实景与幻境的结合便形成了意境。

拍摄地点：坝上，中国内蒙古。

拍摄数据：尼康 F3 相机，80-400 毫米变焦镜头，光圈 f/16，速度 1/15 秒。

大烟山中这片葱绿的草地上漫步着 18 世纪的殖民时代繁衍下来的驯马。在这个初夏的黎明，马群在专心觅食，山林间迷雾腾腾，树叶纹丝不动。我在草丛中望着这宁静而古朴的场面，仿佛那绿草、马群、空间和时间都瞬间凝固在这晨光里。欣然之余，竟是一种难解的踌躇，仿佛再进一步便要回到那黑暗的殖民时代。

意境是画面在观者的内心引发的想象空间，这在很大程度上也是对观者感情世界的触发。显然，在创作时摄影者必须首先有着同样的感触。

拍摄地点：大烟山国家公园，美国田纳西州境内。
拍摄数据：尼康 F3 相机，18-35 毫米变焦镜头，光圈 f/16，速度 1/4 秒。

技术技巧链接：
在风光摄影中加入前景对烘托主题有着很大的作用，突出的前景为画面提供一个意境的入口，将观者的思绪引向一个想象的空间。另外，前景还为画面增添层次感。

拱形岩国家公园中这处林立的怪石在黎明的星空下显得愈加神秘无比。它们仰望着天空和东方的微光，是在疑问，是在告别，还是在观赏这大自然昼夜的神奇变换？

有时意境产生于画面中不同景物之间的"对话"。在这幅画面中，阴暗中的怪石和黎明前的星空无论在亮度和色调上都是很难有什么共同语言的物体。然而这些貌似人的怪石却在观者的想象空间中与星空产生了沟通。最终还是观者在想象空间中将这两种不相关的物体连在了一起。

拍摄地点：拱形岩国家公园，美国犹他州。

拍摄数据：尼康 N90 相机，18-35毫米变焦镜头，光圈 f/4，速度 30 秒。

在狂风中捕捉变幻莫测的"移动"风景

　　在狂风中拍摄的特点是光线条件变化较快，特别是当空中有云雾时，景色的变幻尤为难测。但这种变化是有一定连续性的。在这样的景致中拍摄，犹如站在大自然面前观看一场崭新的戏剧，观者不知道下一刻会有什么样的情节出现，也不知会有怎样的结局。摄影者须密切地跟随景色的变化，拍摄出一个小的系列，从中选出最理想的光线和景物的组合。在狂风中拍摄时，要使用较重的稳定性极好三脚架，没有其他的装置或办法能够取代三脚架的自重对成像清晰度的影响。另外，还要尽力用自己的身体来挡住狂风对器材的直接冲击。

　　深冬的黄石公园是一个迷人的雪乡，大自然在此时对昔日葱郁的山坡、草甸和溪流重新进行描绘，银白的画面更加神奇无比。这天下午，拉马尔山谷中狂风呼啸，大幅相机的暗箱在这强风中晃动不已，无法稳定。因此，我不得不求助于尼康F3相机，将它架到身边最重的三脚架上，并将每个定位按钮拧紧。强风既给拍摄带来困难，同时也创造出难得的机遇。在刚刚安装好相机的片刻，乌云中突然裂开了一道缺口，一道道光线照射到舒缓的山坡上，给画面带来了空间感，同时也增添了一种新的气氛。光线随着乌云不断地变换着，我亦随着光线的移动拍摄了一个小系列。从这个小系列中我选出了这张构图最为理想的作品：当光柱与前景中的雪坡和松树恰到好处地连成了一体，使得主体脱颖而出。

拍摄地点：黄石国家公园，美国怀俄明州。
拍摄数据：尼康F3相机，70-300毫米变焦镜头，光圈f/22，速度1/30秒。

利用迷雾映现出光的动态

　　光线与景物的融合渲染出浓重的气氛，而特殊气氛的产生则依赖于什么样的光和什么样的景物相作用。同样的景物在不同的光线下会产生截然不同的气氛。多年来我深深地受益于大烟山的熏陶，它使我领悟到如何利用光和云雾来创造出特殊的气氛。云雾为画面带来动感，也使光产生了韵味。在不同的光线下，云雾可以渲染出神奇的幻境，也可以映衬出升腾的朝气。在某种情况下，还可以塑造出一种风云变幻和动荡不安的紧张气氛。光与云雾的动态组合是大自然最富有诗意、梦幻、浪漫的芭蕾。

　　黎明时分，阿巴拉契亚山脉东部的上空刚刚露出鱼肚白。空中乌云密布，弥漫的大雾疾速地从头顶掠过，我在山头架好相机等待着日出的到来。这时东边的天空变得愈加明亮，在山脊上形成一条紫红色的亮带。我以一棵红枫树作前景，拍摄了这幅黎明的景色。

拍摄地点：大烟山国家公园，美国田纳西州。
拍摄数据：尼康 F3 相机，35-70 毫米变焦镜头，光圈 f/16，速度 2 秒。

自然光的变幻是永恒的

　　大自然中，光神奇的变幻是无限的，不可能用一本书来概全。这种变幻是永恒的，而变幻的方式是无尽的，大自然很少重复自己。自然光的永恒寄托于其无限的动态之中，是动态的永恒，也是永恒的动态。摄影者只有深入到大自然之中，才能时时目睹那不竭之光。摄影者的职责是要用绚丽的光线将大自然的美景映现在画面上，与世人共享。也许不少人会从中获得启发，或许更多的人会悟出新意。大自然的美是对人类毫无保留的恩赐，这是一种壮丽而又脆弱的美，我们必须珍惜和爱护大自然的山山水水和一草一木。

　　灿烂的晚霞映照在荚形岛野生动物自然保护区的这个小湖上，夕阳像是一轮耀眼的金盘挂在空中。明亮的水面可以构成很大一部分画面。在夕阳的弱光中拍摄时，应充分利用水面的反光来渲染画面，同时还要提高暗处景物的亮度。

拍摄地点：荚形岛野生动物自然保护区，美国北卡罗莱纳州。

拍摄数据：尼康 F3 相机，70-210 毫米变焦镜头，光圈 f/22，速度 1/30 秒。

　　阿拉斯加山脉常年为积雪覆盖，山间空气洁净，雪山的表面结构显得格外清晰。夕阳在起伏不平的山峰间移动，山坡上光与影的结合在神奇般地变换着。此时，大概是一天中拍摄这处雪山的最佳时刻。

拍摄地点：德纳里国家公园，美国阿拉斯加州。
拍摄数据：尼康 F3 相机，70-300 毫米变焦镜头，光圈 f/22，速度 1/8 秒。

　　初春的傍晚，暮色渲染着博迪岛的沙滩和海湾。在拍摄这幅画面时，我以暗淡的沙滩来烘托出明媚的晚霞和海面，用沙滩上的草木来增添画面的层次。

拍摄地点：博迪岛，美国北卡罗莱纳州。
拍摄数据：尼康 N90 相机，35-70 毫米变焦镜头，光圈 f/22，速度 1 秒。

在一个寒冬的早晨，黄石公园中这处温泉的水面上弥漫着水气，还散发着浓烈的硫磺气味。晨曦透过云雾在水面上投射出一条细长的亮带，同时也映衬出景深。在弥漫着大量气体的环境中拍摄时，应注意器材的保护，在等待光线的同时，最好将相机和镜头遮盖好。

拍摄地点：黄石国家公园，美国怀俄明州。

拍摄数据：尼康 F3 相机，18-35 毫米变焦镜头，光圈 f/22，速度 1/2 秒。

　　卡拉库里湖距喀什 191 公里，海拔达 3600 米，多为惊险的山路。一路上流石、塌方随处可见，山间的流水横穿公路。那天我和弟弟二人来到卡拉库里湖，住在塔吉克族一户牧民家中。傍晚时分，我们来到卡拉库里湖畔，那碧蓝的湖面上微波荡漾，积雪覆盖的公格尔山峰披着暖色的霞光。

拍摄地点：卡拉库里湖，中国新疆。
拍摄数据：尼康 N90 相机，70-300 毫米变焦镜头，光圈 f/22，速度 1/4 秒。

　　严冬的黄石公园是一个白雪皑皑的世界，而坐落在公园西北角的猛犸温泉梯台上却是热气腾腾，流水涓涓。在这些黄石台地面的水池中，长满了各种嗜热藻类，将梯台染成了棕色、橙色、红色、绿色。从地底涌出的温泉水中含有很高的碳酸盐，到达地表时水温下降，碳酸钙从水中析出，沉积在梯台上。此刻朝阳刚刚从山头升起，透过密云的柔和的光线照亮了温泉梯台和飘浮的雾气。

拍摄地点：黄石国家公园，美国怀俄明州。
拍摄数据：尼康 F3 相机，18-35 毫米变焦镜头，光圈 f/22，速度 1/2 秒。

奥塔瓦国家野生动物自然保护区的这个小湖中筑满了水獭巢。夕阳映照的湖面上，几只雪鹅在轻闲地游荡。这幅画面中，明亮的湖面成为"底色"，成排的水草、雪鹅和岸边相间成画。

当风光摄影作品的画面中要纳入野生动物时，除了要观察光线条件外，还要看野生动物在做什么，是憩息，还是在行动。要根据动物的状态提高快门速度，这就意味着在设定曝光时要加大光圈。由此就会导致很大一部分画面失去一定的清晰度，但这是一个难以避免的问题。

拍摄地点：奥塔瓦国家野生动物自然保护区，美国俄亥俄州。
拍摄数据：尼康 N90 相机，70-300 毫米变焦镜头，光圈 f/8，速度 1/30 秒。

　　黄昏时刻的大烟山顶上，云雾映着夕阳的余晖，犹如波涛滚滚。大烟山是云雾和山水的圣地。山水依旧，而大自然的画面却日日更新，时时变幻。像流水一样，飘移的云雾在长时间的曝光中会呈现出丝绸般的动感，与岿然矗立的山峦形成鲜明的对比。

拍摄地点：大烟山国家公园，美国北卡罗莱纳州。
拍摄数据：尼康 F3 相机，80-400 毫米变焦镜头，光圈 f/22，速度 1 秒。

　　一连几个昼夜强风吹打着格伦峡谷，这天的黎明，狂风突然消逝。从山头上升起的朝阳照亮了这片乱石散落的悬崖。头一天夜里我已经决定，若大风不减，必须推进到行程计划中的下一个拍摄地点，由于时间的宝贵，不能白白停留在一个地点坐等。

拍摄地点：格伦峡谷国家公园，美国亚利桑那州境内。
拍摄数据：尼康 F3 相机，70-300 毫米变焦镜头，光圈 f/22，速度 1/15 秒。

　　大烟山山顶上这排云杉树在日出的照耀中总是那样苍劲挺拔，此刻的晨光映红了连绵起伏的群山。一束橘红色的朝阳穿透了云雾照在这排云杉树间，恰好映现出美丽的晨景，这道难得的曙光只持续了数秒钟。当一个摄影者反复地回到同一个地点拍摄时，会发现大自然最绚烂的时刻总是出其不意，并且常常转瞬即逝。

拍摄地点：大烟山国家公园，美国北卡罗莱纳州境内。
拍摄数据：尼康 N90 相机，80-400 毫米变焦镜头，光圈 f/22，速度 1/4 秒。

　　肯奈峡湾国家公园位于阿拉斯加首府安克雷斯以南 210 公里。这里濒临阿拉斯加湾，冰川密集，有众多野生动物栖息。在拍摄这座冰川时，我通过取景器细心地观察在视野中的每一部分，既要突出冰川特有的淡蓝色，又要表现出冰川表面由细碎岩石沉积、风化而形成的一些矿物质特有的颜色。冰川时刻都在缓缓地迁移和融化，所以面貌也会随着改变。

拍摄地点：肯奈峡湾国家公园，美国阿拉斯加。
拍摄数据：尼康 N90 相机，35-70 毫米变焦镜头，光圈 f/22，速度 1/8 秒。

哈特拉斯角的这处沙丘在夕阳的照耀下显得异常静谧，沙丘表面的纹理也格外清晰。碧蓝的天空下，一排小灌木丛生的细枝在沙丘上留下纤长的影子。在这大自然静止的片刻里，沙丘上的一切似乎也都披上了神秘的色彩。在实地拍摄中，风光摄影者常常需要的是巧遇，而巧遇的背后是细心的观察和不懈的探索。

拍摄地点: 哈特拉斯角国家海滨, 美国北卡罗莱纳州。

拍摄数据: 尼康 N90 相机, 35-70 毫米变焦镜头, 光圈 f/22, 速度 1/8 秒。

技术技巧链接:

与黑白摄影相比，彩色风光摄影最显著的特点之一是可以利用色彩在色调和色温上的对比来制造反差。比如利用色彩在冷暖色调上的差别可以有力地增加画面的感染力；将互补色（如黄色和蓝色，红色和绿色）相匹配可以突出景物中的线条和轮廓。

深秋的坝上，气候变化莫测，草原一夜之间飘起了鹅毛大雪。这是入冬前的第一场雪。傍晚时分大雪突然间歇，夕阳出乎意料地映照出灿烂无比的晚霞。大自然的变幻是无穷的，往往也是出人意料的，风光摄影者要时时做好准备。

拍摄地点：坝上，中国内蒙古。
拍摄数据：尼康 F3 相机，80-400 毫米变焦镜头，光圈 f/22，速度 1/8 秒。

死谷国家公园的这片开阔地长满了绢箭杂草。绢箭杂草是向日葵科的一种砂生小灌木，它们成簇生长，在这沙漠中像是一株株的玉米捆。这片沙地因此而得名——怪魔玉米地。黎明时分，我在这寂寂无声的旷野中等待着日出，空中连成一片的朵朵白云渐渐地被旭日照亮。

拍摄地点：死谷国家公园，美国加利福尼亚州。

拍摄数据：尼康 F3 相机，18-35 毫米变焦镜头，光圈 f/22，速度 1/4 秒。

大峡谷中这处陡峭的悬崖上依然挂着冬末的残雪。此刻晨曦格外绚烂火红，就像是一位久经风霜的印第安老人脸上焕发的那股苍劲之红，红得如此火热，红得如此璀璨。与其他艺术形式一样，风光摄影也需要有激情和想象，才能发现和表现出大自然最绚烂的美。

拍摄地点：大峡谷国家公园，美国亚利桑那州。
拍摄数据：尼康 F3 相机，18-35 毫米变焦镜头，光圈 f/22，速度 1/4 秒。

　　傍晚时分，一朵朵的密云笼罩在这片连绵起伏的山脊上，夕阳在云朵间时隐时现。我架好了相机在等待着最佳的拍摄时刻，而此时已是日落山头，我在期待着夕阳最后的再现。就在夕阳即将落下山脊的片刻，突然又从云缝间透出几线光芒，同时密云的层次感也达到最佳。

拍摄地点：大烟山国家公园，美国田纳西州。
拍摄数据：尼康 F3 相机，70-210 毫米变焦镜头，光圈 f/22，速度 1/15 秒。

　　寒冷的黎明中，将军湖上结了一层薄冰，旭日即将从远处的山峦上升起，绚丽的朝霞映红了湖面。此刻湖面格外平静，四周寂然无声。我在岸边不停地转换着镜头，拍下了一幅幅绚丽的日出美景。

拍摄地点：坝上，中国内蒙古。

拍摄数据：尼康 F3 相机，18-35 毫米变焦镜头，光圈 f/22，速度 4 秒。

多年前当我还居住在位于美国东南部的北卡罗莱纳州时，那里的冬季少雪，我时常羡慕黄石公园和阿拉斯加漫天的冰雪世界，尤其是那波涛般起伏的雪原。终于有一年，东南部的数州突然猛降一场大雪，导致整个地区的交通瘫痪。瞬间这个喧嚣的世界陷入原始的寂静和清新。我在这无人的雪地里几乎行走了一天，尽情享受这世界难得的间歇。摄影者在寻求大自然的美时，既需要耐心，又要不失时机地抓住那难得的时刻。

拍摄地点：马森农场生物保护区，美国北卡罗莱纳州。
拍摄数据：尼康 F3 相机，35-70 毫米变焦镜头，光圈 f/22，速度 1/60 秒。

一场大雪过后，南达哈拉国家森林公园中这处小溪显得格外宁静而明亮。晴朗的天空照亮了积雪覆盖的森林，树枝和树干或曲或直，这条蜿蜒的小溪以其如镜的水面勾画出景深，也给予了这幅画面"曲径通幽"的意境。

拍摄地点：南达哈拉国家森林公园，美国北卡罗莱纳州。

拍摄数据：尼康 N90 相机，35-70 毫米变焦镜头，光圈 f/22，速度 1/8 秒。

　　初春的布伦登森林绿意葱葱，生机盎然。我在森林中发现了一小处开阔地，西斜的太阳透过鲜嫩的树叶照亮了地面，似乎为茂密的森林打开了一扇天窗。摄影者要培养出随时随地寻求美的习惯，普通的场所也孕育着美丽的景象。

拍摄地点：布伦登森林公园，美国俄亥俄州。
拍摄数据：尼康 N90 相机，18-35 毫米变焦镜头，光圈 f/22，速度 1/30 秒。

    几年前的一天，我来到鸣沙山的主要目的是拍摄那里高大的沙丘景象。在那天傍晚时刻，我在沙丘旁意想不到地发现了一幅绚丽的夕阳美景。摄影者在牢记拍摄主题的同时，还应时刻留心大自然在"上映"什么，才会不失良机。

拍摄地点：鸣沙山，敦煌，中国甘肃。
拍摄数据：尼康 F80 相机，70-300 毫米变焦镜头，光圈 f/22，速度 1 秒。

第六部分 Part6
艺术创作的 秘诀
The Secret of Art Creation

千里之行，始于足下

单从技术方面来讲，风光摄影的本质是通过镜头来看世界，以光来映现画面。而从艺术创作着眼，风光摄影则是利用光来展现摄影者大脑中对大自然的映像。当从具体的实践过程来考虑时，风光摄影又是室外运动和艺术创作的结合体。对某些人来讲，即使已经具备了丰富的户外活动经验，依然需要学会从摄影的角度重新去认识自然界。而对另一些人，虽然已经掌握了足够的摄影技术和美学理论，依然需要深入到大自然之中，了解其无穷的变换，了解大自然的性格特征和节奏。

对于立志于摄影艺术的朋友们，无论你的目标是 135 型、中画幅，还是大画幅系统，你必须认识到相机和镜头只是视觉艺术创作的工具。无论科学技术发展到什么程度，摄影者本身永远是创作的主宰。不同的画幅只决定底片的大小和扩印的放大倍数，并不决定或改变摄影者的眼光。许多摄影爱好者都知道，亚当斯以使用大画幅和中画幅系统为主，而在近代和当代不少优秀的风光摄影家却终生使用 135 系统。对于多数刚刚起步的摄影爱好者来讲，最佳的方案是先着手于简单的摄影系统，使自己对摄影技术、视觉艺术和大自然有一个较为综合的认识，并且获得一定的实践经验之后，再对自己的长远目标做出抉择。学习摄影也是一个发现自我的过程。比如可以先从一台简单的 135 型相机和几只便宜的镜头开始，也许几年后你意识到只有大画幅才是你最理想的选择。然而，若以相反的过程来发现 135 型最适合于你的艺术创作，那么你在这个阶段的成长周期会大大延长，费用也会显著地增高。135 型与中画幅和大画幅系统的技术操作细节有着很大的不同，135 型是通过取景器来构图和调焦，而大画幅和多数中画幅系统则要通过调焦屏来进行构图和调焦。并且在大画幅相机的调焦屏上，成像的画面

风光摄影本身是一种无声的艺术，它靠画面来触动观者的感情世界，唤起观者的想象与深思。

是颠倒的，所以摄影者必须学会颠倒着看景物。但对于一个致力于摄影艺术的人来讲，无论从哪一种系统开始，一些技术操作上的细节不会成为其艺术发展道路上的障碍。无论选择了哪一种系统，你亦应对其他类型的相机有所熟悉。很难想象一位杰出的大画幅摄影师，拿起135型相机时，居然是一窍不通。

摆脱固有条条框框，力求去探索和创新

风光摄影者在外出进行创作时，应把思想包袱和知识的条条框框留在家中，轻装上阵。在头脑中只应让知识和概念占据10%的空间，把90%留给未知，去实地探索和发现，切勿只去重复和复制。最伟大和渊博的艺术家是大自然，摄影者要向大自然去请教。

放慢拍摄速度，认真钻研自己的作品

许多摄影爱好者在初学阶段，往往有着很高的创作热情，在实地常常对着同一片景色毫无选择地反复拍摄，收集到许多近乎完全一样的照片，却花很少的时间去认真研究自己的作品，致使自己的摄影技巧在长时间内没有大的进展。

我自己的最高创作数量每年不逾千幅，其中4×5大画幅不过几十幅。这与年拍摄量至少在数万幅以上的多数职业摄影师相比，真是少得可怜。但我却会花大量的时间去认真研究和思考自己的作品，从中挖掘出有用的、可以进一步改进和开拓的东西，为下一步的创作做好准备。这样也使自己的创作水平能够逐年提高。

摄影者必须要有激情和想象才能创作出富于震撼力的艺术作品。

克服对后期加工的依赖

现代数码技术的发展给后期加工和对画面的修改带来极大的便利，但也极大地阻碍了许多摄影爱好者艺术创作的成长。如果你在实地创作中时时都在想着如何对大自然的画面进行后期制作，往往会浅尝辄止，甚至投机取巧，永远也捕捉不到大自然最绚烂的时刻。虽然科学技术的发展是人类进步的结果，却往往使风光摄影者过度地依赖电脑和软件来寻找创作的捷径，将日出的光芒变得更耀眼、夕阳变得更灿烂、给正午的阳光加上金色。这些都会极大地阻碍着一个风光摄影者对大自然的探索和发现，会降低他对创作的要求和艺术标准，阻碍着他对艺术的精益求精和尽善尽美的追求。不真实的作品是没有生命力的，也是经不起时间的考验的。修改的图像一时间可以骗过观者的眼睛，却欺骗不了自己的内心。虚假的东西无法在自己的内心留下欣慰和自豪的印记。

激情和想象

风光摄影本身是一种无声的艺术，它依靠画面来触动观者的感情世界，唤起观者的想象与深思。摄影者必须要有激情和想象才能创作出富于震撼力的艺术作品。没有激情的作品缺乏动人心弦的力量，没有想象的作品毫无引人入胜的魅力。

在艺术创作中培养出非凡的耐心

风光摄影者要在常年的实践创作中培养出超凡的耐心，还要有接受和善待任何拍摄条件的心态。即使没有抓住理想的景色，也要保持再游此地的兴致和热情。不少有经验的摄影师都说："优秀的风光摄影作品，不是拍出来的，是等出来的。"

没有激情的作品缺乏动人心弦的力量，没有想象的作品毫无引人入胜的魅力。

风光摄影者要在常年的实践创作中培养出超凡的耐心，还要有接受和善待任何拍摄条件的心态。

预视和决断

预视是指摄影者对景物的构成和布局进行认真的研究，在光线到来之前见到景色。决断是要在最佳光线消失之前，按下快门或完成拍摄。无论科学技术发展到何种程度，这个最经典的创作法则不会改变。当代数码技术的发展使不少摄影师过度地依赖相机后背上的显示器来"观测"景物，而忽视了首先面对实际景物进行视觉分析和加工的应该是摄影师的眼睛和大脑。

领略博大的世界，从大自然中获得感悟

风光摄影者要走出自己已经习以为常的小天地，置身于博大的自然世界中，到各种不同的地理条件下去体验大自然的永恒与骤变、温和与暴怒、酷暑与严寒。不断地对自身和世界重新进行审视，从大自然中获得感悟，以新的眼光来看世界和人生。依孔子之论，人要在有生之年知晓 "天命"，才算是没有虚度一生。对任何时代的每一个人来讲，这并不是一件容易的事。一个人要经历近乎毕生的年华和不懈的探索，才能感悟到自己的使命、人生的价值和意义，认识到世界的面目。对于一个摄影者来讲，只有当自己彻底认识了自身和世界，才会获得其独特的眼光，从而使自己的作品摆脱跟随和模仿的痕迹，步入自由创作的天地；也才会使自己在艺术创作中不断地取得新的突破，开创出独特的个人风格，甚至达到更高层的境界。

这些观点对不少致力于实用技巧的摄影爱好者来讲，似乎有些偏离了技术和创作的主题。然而当你开始独立地摄影创作之后，就会逐渐认识到除了娴熟的技艺和丰富的美学知识外，还需要一些更加难以捉摸的东西，才能让自己的艺术创作有更高的突破。对人生、自我和世界的感悟便是其中的要素之一。

超越风格——创作的空间是无限的

当某位摄影大师的艺术作品展出时，不少观者会情不自禁地说，从画面的构图和用光特征一眼便可以认出这是某某大师的作品。许多摄影师将获得自己独特的个人风格作为其艺术生涯的最终目标。然而当静下心来，仔细推敲，便不难产生这样的疑问：如果这位摄影大师的构图布局和用光技巧反复地出现在其作品中，那么这位大师是否还在创造艺术？是否这些所谓独特风格已经渐渐地成为了一种创作的套路，在不同的时间和地点拿来套用。因此，在"独特风格"之上，至少还有一层境界可以实现，那就是"超越风格"。传奇武术大师李小龙生前曾称自己的拳道如 "水放在壶中呈壶形，放在杯中呈杯形"。此言也道出了这样一个真谛：艺术创作的空间是无限的。艺术的生命在于推陈出新，这对于处在任何发展阶段的摄影者来讲，都要求不断地提高、创新和发现自我。艺术属于每一个执著的追求者。资深摄影师也应不断地打破自己已有的个人风格，探索和开拓新的可能性，终生不渝地跻身于展现自然美的最前沿。

艺术创作的空间是无限的。艺术的生命在于推陈出新。

致 谢
Acknowledgements

　　在完成本书之际，笔者向田会强先生致以由衷的感谢，他伴我完成了许多艰苦的旅程，承受了无数艰辛。感谢结识了 20 年的朋友 Ralph、Joan 和 Barbara Mason，他们对我的摄影充满浓厚兴趣，激励着我在创作的道路上不断奋进。我从他们的身上也学到了以一颗热诚的心待人，以开阔的胸怀面对世界。也向 Jennifer Zheng 小姐致以谢意，她改变了我的视界。马彦杰先生在我的坝上之行中给予了全力的帮助，笔者亦不胜感激。